WENN PFERDE SPRECHEN KÖNNTEN ... SIE KÖNNEN!

Isabelle von Neumann-Cosel

# Wenn Pferde sprechen könnten ... sie können!

## Eine Anleitung zur besseren Kommunikation

mit Comics und Zeichnungen
von Jeanne Kloepfer

FNverlag
der Deutschen
Reiterlichen Vereinigung GmbH
Warendorf

Bibliografische Information der deutschen Bibliothek

Die Deutsche Bibliothek verzeichnet diese Publikation in der
Deutschen Nationalbibliografie; detaillierte bibliografische Daten sind im
Internet über http://dnb.ddb.de abrufbar.

1. Auflage 2005

KORREKTORAT:
Korrekturbüro W. und G. Kirchoff, Büren

COMICS UND ZEICHNUNGEN:
Jeanne Kloepfer, Lindenfels

TITELFOTOS:
Werner Ernst, Ganderkesee: Foto unten
Jean Christen, Mannheim: Foto oben

FOTOS:
**108 Fotos von Jean Christen, Mannheim**
weitere:
Gabriele Boiselle und Archiv Boiselle, Speyer: Seiten 26 Mitte und u., 33, 39, 44,
   46, 59, 68, 82 Mitte und u., 84, 91, 110, 130 (2), 140
Ramona Dünisch, Pfaffenhofen: Seite 18
Werner Ernst, Ganderkesee: Seiten 11, 12 (3), 14 u. links, 26 o. rechts
Karl-Heinz Frieler, Gelsenkirchen: Seiten 8 (2), 9
Manfred Grebler, Vaterstetten: Seiten 20, 22 (2), 24, 25, 26 o.li.
Carl Thomas Nebe, Ladenburg: Seiten 76, 117, 123, 125, 127 (2), 128
Photec, Pferdebildagentur M. Schroeder und A. Henke GbR, Wiesloch:
   Seite 25 o.
Marc Rühl, Bedburg: Seiten 31, 135
Daniel Samanns, München : Seiten 81 o. (3), 112 u.
Christiane Slawik, Würzburg: Seiten 16 o., 19, 22 o., 27 u., 28, 29, 45, 48, 49 o.,
   50, 51, 70, 79, 82 li. außen, 83 (2), 85, 86, 90 o., 92, 122 o.

GESAMTGESTALTUNG:
mf-graphics, Marianne Fietzeck, Gütersloh

DIGITALE BOGENMONTAGE, DRUCK UND VERARBEITUNG:
Druckhaus Cramer · Das Medienhaus, Greven

ISBN 3-88542-468-1

# Danke

Alles, was ich heute von der Pferdesprache weiß, haben mich die vielen **Pferde** gelehrt, denen ich begegnet bin. Alle besseren Einsichten, alle Aha-Erlebnisse habe ich ihnen zu verdanken. Alle möglichen Fehler und Missverständnisse — von denen auch dieses Buch vermutlich nicht verschont geblieben ist — gehen auf mein Konto.

Besonderer Dank gilt meinem Onkel **Gottfried von Dietze**, der mir von Kindheit an den kooperativen Umgang mit Pferden vorgelebt hat — und der es mir ermöglicht hat, Hunderte von Pferden kennen zu lernen.
Meine **Mutter** hat ihre Kindheit überwiegend in einem ostpreußischen Pferdestall verbracht. In diesem Stall gab es nie ein lautes Wort — weder von Seiten der Menschen noch der Pferde. Ihre Erzählungen, ihre konsequente und niemals vermenschlichende Freundlichkeit gegenüber Tieren haben großen Anteil an der Idee für dieses Buch.

Ein solches Projekt bedarf vieler helfender Köpfe und Hände. Ich bin glücklich, mit einem Profi-Team zusammenzuarbeiten, das vieles viel besser kann als ich:
Die Comics in diesem Buch hat **Jeanne Kloepfer** gezeichnet — und viele entstammen nicht nur ihrer Feder, sondern auch ihrer Phantasie. Was für ein Glückstreffer, eine Grafikerin zu haben, die die Pferdesprache spricht!
**Jean Christen** hat erneut als Fotograf für dieses Buch gearbeitet und mit seinem untrüglichen Blick für Atmosphäre Bilder eingefangen, die auf ihre Weise sprechen.
**Marianne Fietzeck** hat all die vielen Einzelteile am Ende gekonnt zu einem Buch zusammengesetzt.
Und ohne einen so kooperativen und mutigen Verleger wie **Siegmund Friedrich** gäbe es dieses Buch nicht ...
Mein besonderer Dank gilt den zweibeinigen **Fotomodellen** vor der Kamera, die mit Bravour den schwierigen Part gemeistert haben, Verständigung mit Pferden fotoreif vorzuführen: **Lisa Gallinger**, **Jana Fischer**, **Dorothee Kiss** und Pferdwirtschaftsmeister **Hans Weber**. **Jan Jung-König** hat den undankbaren Part übernommen, die von ihm so sehr geschätzten Ponys eigens fürs Foto demonstrativ zu „ärgern" — dankeschön auch dafür.
**Hubertus Schmidt** hat ein sehr persönliches Vorwort verfasst — darüber habe ich mich ganz besonders gefreut.

Meine drei wunderbaren Töchter **Sarah**, **Valerie** und **Hanni** haben mich — wie bei jedem meiner Projekte — theoretisch und praktisch unterstützt. Danke, dass ihr Drei nie vergesst zu fragen oder selbst zu erzählen: **„Wie waren die Pferde?"**

*S. v. Rema - Vogel*

Neckarhausen, im November 2005

Hubertus Schmidt, geboren am 8. Oktober 1959, entstammt einer Familie, die traditionell Pferdesport und Zucht betreibt. Im ostwestfälischen Borchen-Etteln bei Paderborn leitet er einen eigenen Ausbildungs- und Zuchtstall. Der Pferdewirtschaftsmeister gehört zu den auch international erfolgreichsten Dressurausbildern dieser Zeit. Kaum ein anderer hat in den vergangenen Jahren so viele Pferde in den Dressurspitzensport gebracht wie der fünffache deutsche Champion der Berufsreiter Dressur und Mannschafts-Goldmedaillengewinner bei den Olympischen Spielen in Athen 2004.

Hubertus Schmidt mit seinem Olympiapferd, der 12jährigen Hannoveraner-Stute „Wansuela suerte" rechts und seinem 10jährigen westfälischen Nachwuchstalent „Forest Gump NRW" unten.

Wenn Pferde sprechen könnten ...

Wie oft habe ich mir das schon gewünscht, vor allem in schwierigen Momenten der Ausbildung.

Sie können natürlich nicht sprechen, aber Pferde haben unendlich viele Möglichkeiten, uns ihre Gefühle, ihre Wünsche und ihren Willen zu zeigen.
Sie haben ihre Pferdesprache und es ist unsere Pflicht, diese verstehen zu lernen, wenn wir Menschen uns mit dem Pferd beschäftigen, ganz egal in welcher Form.

In Zeiten, in denen die wenigsten von uns noch täglich mit Tieren zu tun haben und viele Kinder, aber auch Erwachsene, diese nur noch aus dem Fernseher kennen, ist es ganz besonders wichtig, sich mit dem natürlichen Verhalten von Pferden vertraut zu machen, bevor man zu seiner ersten Reitstunde geht.

Dieses Buch wird eine große Hilfestellung dafür sein, mit Pferden richtig, nämlich pferdegerecht umzugehen.

Die Autorin wird auch helfen, den zwei großen Extremen entgegenzuwirken, denen ich während meiner Tätigkeit als Ausbilder oft begegne: der allzu großen Vermenschlichung auf der einen Seite, vor allem, wenn es darum geht, Verhalten von Pferden zu interpretieren, und der Behandlung als reines Sportgerät, das richtig zu funktionieren hat, auf der anderen Seite.

Seit meiner Kindheit bin ich täglich mit Tieren, vor allem mit Pferden, zusammen. Ich habe von meinem Vater und von anderen „Pferdeleuten", vor allem aber von den Pferden selbst, viel über deren Verhalten und ihre Sprache gelernt.
Jedes Pferd ist individuell und ich muss bei jedem neuen Pferd wieder etwas dazulernen.

Ich wünsche mir, das dieses Buch zu einem besseren gegenseitigen Verständnis in vielen Pferd-Mensch-Beziehungen beitragen wird.

HUBERTUS SCHMIDT

# Wenn Pferde sprechen könnten – wenn Menschen hören könnten…

*Über zwei Millionen Menschen in Deutschland kommunizieren regelmäßig mit Pferden.*

### Faszination mit Widersprüchen

*Tiere reden mit den Augen oft vernünftiger als Menschen mit dem Mund.*
LUDOVIC HALÉVY

Die Faszination für Pferde ist seit vielen Jahrhunderten ungebrochen. Dabei hat die Attraktivität der größten Haustiere des Menschen viele Facetten: Pferde sind groß, stark und dabei schön anzusehen; sie bewegen sich zugleich kraftvoll und ästhetisch. Pferde sind aber auch sanft, freundlich, duldsam und sogar ängstlich, schnell aufgeregt und fluchtbereit. Ihre Freundschaft zu erwerben ist nicht einfach; sie schließen sich zum Beispiel viel weniger eng an ihre jeweiligen Besitzer an als Hunde.

Der Kontakt zwischen Mensch und Pferd hält viele Widersprüche bereit: Pferde sind zugleich treu und treulos. Pferdefreunde erkennen sich nach jahrelanger Trennung auf den ersten Blick wieder; wir Menschen können lange Zeit — manchmal Jahre — brauchen, bis wir der regelmäßigen individuellen Begrüßung unseres Pferdes ganz sicher sein können. Dafür sind manche Pferde in der Lage, ihre Bezugsperson nicht nur an der Stimme, sondern auch am Schritt, am Motorengeräusch des Autos oder am unverwechselbaren Klingeln der Hundemarke des Familienhundes zweifelsfrei zu erkennen.

Trotzdem ist es an der Tagesordnung, dass Pferde problemlos ihren Besitzer wechseln. Undenkbar, dass ein Hund so oft verkauft werden könnte wie ein Pferd, ohne einen psychischen Knacks davonzutragen.

## Wen Pferde als ihren Freund betrachten

Pferde haben in Deutschland keinen natürlichen Lebensraum mehr. Sie sind schon allein durch ihre Größe und ihren hohen Bedarf an Futter und Wasser auf eine durch Menschen bereitgestellte und geschützte Umgebung angewiesen. Wer regelmäßig den Futtereimer bringt, hat gute Voraussetzungen dafür, rasch einen Kontakt zu „seinen" Pferden aufzubauen: Schon nach kürzester Zeit registrieren Pferde untrüglich auf sein oder ihr Kommen. Freilich ist es oft das Geräusch der Futterausgabe, auf das die Pferde viel eher reagieren als auf die Stimme dessen, der es bringt. Auch ein unbekannter Zweibeiner, der die vertrauten Abläufe beim Füttern ausführt, kann auf viel spontan gezeigte Gegenliebe im Stall hoffen.

Pferde respektieren in aller Regel jeden, der sich ihnen durch sein gesamtes Verhalten als Fachmann ausweist. Jeder Fremde kann — vorausgesetzt er oder sie verfügt über die nötige Sachkenntnis — ein an Menschen gewöhntes, entsprechend erzogenes und ausgebildetes Pferd im Normalfall ohne größere Probleme versorgen, pflegen und reiten. Der Umkehrschluss gilt auch: Pferde respektieren nur einen Menschen, der sich ihnen durch sein Verhalten als Kenner der Pferdesprache ausweist — eine bittere Pille für manchen unerfahrenen Pferdebesitzer.

Dass es trotzdem immer wieder Pferde gibt, die zu ihrem Pfleger oder Reiter eine ganz besondere, unverwechselbare Beziehung aufbauen, ist nicht nur kitschige Grundkonstellation in zahllosen Pferde-Mädchen-Büchern. Selbst im Spitzensport gibt es genügend Belege dafür, dass ganz bestimmte Pferde und Reiter sich gegenseitig zu Höchstleistungen anspornen können — die ohne diesen ganz besonderen zwei- oder vierbeinigen Partner eben nicht möglich sind.

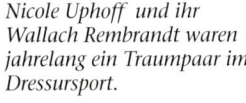

*Nicole Uphoff und ihr Wallach Rembrandt waren jahrelang ein Traumpaar im Dressursport.*

### Die leisen Tiere

Trotz ihrer großen natürlichen Anziehungskraft sind Pferde auf Anhieb nicht so leicht zu verstehen. Hunde bellen oder knurren, Katzen schnurren oder miauen, Pferde sind leise Tiere: Ihr unverkennbares Wiehern ist eher selten zu hören. Es beschränkt sich auf Situationen, die durch Anspannung, Aufregung oder Angst geprägt sind: Wenn Pferde wiehern, rufen sie in aller Regel lautstark nach Artgenossen. Die natürliche, alltägliche Verständigung der Pferde geschieht überwiegend lautlos: per Körpersprache, Mimik, Gestik und Bewegung. Selbst Schmerzen und Misshandlungen dulden Pferde überwiegend stumm.

#### Schmerz lass nach

*Ein altgedientes Schulpferd stand eines morgens völlig verspannt in seiner Box und kam nicht freiwillig zur Tür. Es ließ sich aber dennoch widerstandslos dazu bewegen, die Box zu verlassen und an der frischen Luft mit steifen, kleinen Schritten vorwärts zu gehen. Erst nach etlichen zurückgelegten Metern wurde die Wurzel des Übels erkannt: eine lange Schraube, die sich bei jedem Schritt tiefer in eine Hufsohle bohrte. Das Pferd hatte diese Tortur ohne Gegenwehr oder Schmerzenslaut hingenommen. Beeindruckend war freilich die Veränderung seines Gesichtsausdruckes, nachdem die Schraube entfernt worden war....*

*Pferde verständigen sich perfekt durch Mimik, Gestik und Bewegung.*

Pferde sprechen überwiegend durch ihr Verhalten — nicht nur untereinander, sondern auch mit uns Menschen. Wer die Pferdesprache lernen will, muss das Verhalten der Pferde deuten lernen und verstehen, wie das eigene Verhalten vom Pferd verstanden wird.

Pferdesprache lässt sich vom Pferdeverhalten nicht trennen — wer ein Pferd „verstehen" will, muss das arttypische Verhalten kennen, um die jeweils individuelle Ausprägung richtig interpretieren zu können. Wer die Maßstäbe menschlicher Kommunikation an die Begegnung zwischen Mensch und Pferd legt, legt den Grundstein für schwer wiegende Missverständnisse.

Das machst du mit Absicht, Mistvieh! Immer wenn ich frei habe!

## Ohne Worte

Auch wir Menschen verfügen über eine große Bandbreite nonverbaler Kommunikation. Kinder, die sich noch nicht sprachlich differenziert ausdrücken können, sind wahre Meister darin. Mit zunehmender Beherrschung der Sprache, vor allem mit der Entwicklung des logischen Denkens und der Fähigkeit, zielgerichtet zu argumentieren, geht erwachsenen Zweibeinern die Fähigkeit zur feinen Wahrnehmung der Körpersprache oft verloren.

Dabei spielen die Ebenen der Kommunikation, die nicht mit gesprochenen Worten verknüpft sind, auch in der zwischenmenschlichen Kommunikation eine ausschlaggebende Rolle. Schüler pflegen einen neuen Lehrer in den ersten drei Minuten nach Betreten des Klassenraumes mit nachtwandlerischer Sicherheit einzuschätzen: streng oder lasch, sympathisch oder dröge, langweilig oder interessant — sie fällen ein sicheres Urteil, ohne dass mehr als allgemeine Begrüßungsworte gefallen sind.

Kinder, die auf jedem Pausenhof das Körpersprachenspiel von Anführern und Unterlegenen in einer Gruppe beobachten können (und beachten müssen!), tun sich leichter im unbefangenen alltäglichen Umgang mit Körpersprache — und sie finden schneller einen instinktiven Zugang zur Körpersprache der Pferde. Sie schätzen die Vierbeiner oft genauso schnell und treffsicher ein, wie sie ihre Lehrer zu nehmen wissen. Für Erwachsene, die erst spät den Kontakt zu Pferden suchen, ist die Sprache der Pferde anfangs oft ein Buch mit sieben Siegeln.

*Kindern lernen schnell, sich auf Pferde einzustellen und sie zur Kooperation zu bewegen*

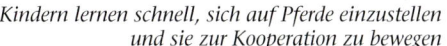

## Sprache und natürliches Verhalten

Voraussetzung dafür, diese Siegel lösen zu können, ist die Möglichkeit, Pferde in ihrem natürlichen Verhalten zu beobachten. In vielen Reitbetrieben, die Neulingen ein sicheres Umfeld für die erstmalige Begegnung mit Pferden bieten, sind die Möglichkeiten zur Beobachtung des natürlichen Pferdeverhaltens rar. Wer Pferden nur in einer geschlossenen Box, einer geschützten Stallgasse und einer abgeschirmten Reithalle begegnet, hat wenig Chancen, die Pferdesprache ganz nebenbei und selbstverständlich zu verstehen zu lernen. Wer etwa in einem Schulbetrieb ein fertig gesatteltes Pferd vom Vorreiter übernimmt, hat keine Gelegenheit, seinen vierbeinigen Partner auch von unten gründlich kennenzulernen.

Wo Pferde möglichst naturnah — das heißt entsprechend ihrer natürlichen Bedürfnisse — gehalten werden, kann man viele „Vokabeln" der Pferdesprache durch Beobachtung lernen. Denn auch unsere heutigen Reitpferde, die das Ergebnis Jahrhunderte langer züchterischer Arbeit sind, haben Bedürfnisse und artspezifisches Verhalten von ihren wild lebenden Vorfahren geerbt.

## Pferde und Verhaltensforschung

Die wissenschaftliche Erforschung der Pferdesprache gehört in den Bereich der Verhaltensforschung. Wie Pferde sich natürlich verhalten und untereinander kommunizieren, ist heute weitgehend wissenschaftlich gesichertes Wissen. Um die Jahrhundertwende lieferten Beobachtungen der letzten noch lebenden Wildpferde in der Mongolei, nach ihrem Entdecker Przewalskij-Pferde genannt, grundlegende Erkenntnisse über Verhalten und Sprache der Pferde.

Dem Tierarzt Michael Schäfer bot eine halbwild lebende Norweger Herde — eine den Urwildpferden sichtbar nah verwandte Pferderasse — Anschauungsmaterial für seine Studie „Die Sprache des Pferdes". In jüngerer Zeit veröffentlichte der Freiburger Verhaltensforscher Klaus Zeeb wissenschaftliche Beobachtungen an den einzigen in Deutschland beheimateten Wildpferden, den Dülmenern. Sie leben — weitgehend sich selbst überlassen — in einem geschützten Reservat in der Nähe von Münster.

Pferde gehören nicht gerade zu den Lieblingsobjekten der Verhaltensforschung. Sie zeigen ein hohes Maß von Individualität: Einzelne Exemplare verhalten sich in vergleichbaren Situationen sehr unterschiedlich. Das erschwert die Beobachtung von Pferden und macht es schwer, reproduzierbare Versuchsanordnungen und wissenschaftlich gesicherte Aussagen zu treffen. Pferde zeigen eine erstaunliche Anpassungsleistung auch an widrige Umstände. Unter dem Einfluss des Menschen ändern sie ihr natürliches Verhalten in hohem, manchmal erschreckenden Maß. Des Wissenschaftlers Leid ist dagegen des Reiters Freud: Die immer wieder neue, unterschiedliche, interessante, herausfordernde Begegnung mit jedem einzelnen Pferd.

*Gegenseitiges Vertrauen setzt Verständnis voraus.*

## Pferde heute

Dieses Buch basiert auf den Erkenntnissen der Verhaltensforschung, aber es beschäftigt sich mit den Pferden, denen wir heute begegnen — eben nicht nur in natürlicher, sondern höchst künstlicher Umgebung. Das „sprechende" Verhalten unserer heutigen Freizeit- oder Sportpartner ist ohne Kenntnisse der ursprünglichen Lebensweise der Urwildpferde nicht zu verstehen. Von dieser Perspektive aus lässt sich manches scheinbar unverständliche Pferdeverhalten einordnen — und wir Pferdefreunde können eine angemessene Reaktion, eine für das Pferd begreifliche „Antwort" finden. So wie das Studium der Pferdesprache sich nicht von der Beobachtung des Pferdeverhaltens trennen lässt, muss auch die passende Antwort des Menschen überwiegend im richtigen Umgang mit diesem Verhalten liegen.

*Aus vielen Worten entspringt ebenso viel Gelegenheit zum Missverständnis.*
WILLIAM JAMES

Wo immer Pferdefreunde sich treffen, kursieren zahllose unglaubliche, kuriose, erschreckende, rührende und manchmal auch bestürzende Geschichten über das Verhalten und damit auch die stummen Botschaften der Pferde. Oft, allzu oft sind die Geschichten über Pferde Geschichten über Missverständnisse zwischen Mensch und Pferd, weil der eine die Sprache des anderen weder versteht noch spricht.

# Gemeinsam in der gefährlichen Steppe – wo sie herkommen

## Sprechende Ohren, hörende Augen

Hunde bellen, Katzen miauen, Pferde wiehern — so steht es im Kinderbuch. Aber die konkrete Begegnung mit Pferden lehrt schnell, dass unsere größten Haustiere ihre so charakteristischen Stimmen nur im Ausnahmefall hören lassen.

*Abb.1:*
*Eine freundliche,*
*vertrauensvolle Begrüßung –*
*so wie sie jeder Pferdefreund*
*sich wünscht.*

*Abb.2:*
*Beide Ohren können unabhängig voneinander bewegt werden – und zeigen lebhaftes Interesse an der Umwelt.*

*Abb.3:*
*Dieses Pferdegesicht mit angelegten Ohren und drohend geöffnetem Maul sagt eindeutig: „Lass es – oder ich beiße dich!"*

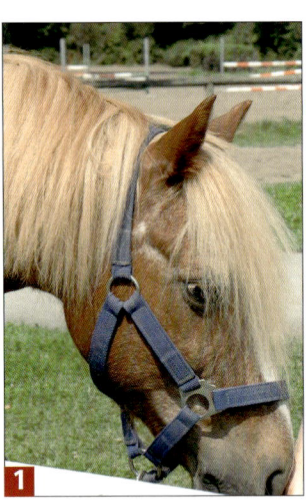

Pferde wiehern selten, und doch sind sie Meister der ununterbrochenen Kommunikation. Sie tauschen permanent Informationen mit ihrer Umgebung aus: Ihr ganzer Körper, ihre Haltung, Bewegung, ihre Mimik und am deutlichsten ihr Ohrenspiel zeigen an, was sie wahrnehmen, worauf sie sich konzentrieren, in welcher Stimmung sie sich befinden.

Wer die Körpersprache der Pferde verstehen lernen möchte, kann gut bei den Ohren anfangen. Eingebunden in eine sprechende Mimik des Gesichtes, verrät das lebhafte und rasch wechselnde Ohrenspiel am deutlichsten, worauf sich das Interesse eines Pferdes gerade richtete und ob es sich dabei wohl oder unwohl fühlt.

*Ein interessiertes Pferd schaut mit großen Augen und gespitzten Ohren freundlich nach vorn.*

*Ein erregtes Pferd wölbt den Hals, bläht die Nüstern und reis die Augen weit auf.*

*Ein ängstliches Pferd weicht zurück, hat ein furchtsames Auge und lauscht auf die Gefahr.*

*Ein drohendes Pferd legt die Ohren flach an und kneift Augen und Nüstern zusammen.*

Weil Pferde ihre gesamte Umgebung nahezu in einem 360°-Umkreis zugleich im Auge behalten, nehmen sie jede Bewegung in ihrem Blickfeld wahr (deutlich abzulesen an der Abbildung zum Gesichtskreis der Pferde auf Seite 33). Die Bewegungen von anderen Lebewesen sind Botschaften, die es zu entschlüsseln gilt: Nähert sich da Freund oder Feind — oder ein unbekanntes, im Zweifelsfall gefährliches Objekt? Welche Absicht lassen diese Bewegungen erkennen?

Zu ihrer eigenen Sicherheit müssen Pferde auch alle menschlichen Annäherungen so einordnen. Die logische Folge ist: Jeder, der sich einem Pferd nähert, beginnt eine Kommunikation, selbst wenn er das gar nicht beabsichtigt. Denn Pferde „hören" nicht nur mit den Ohren, sondern auch mit den Augen.

*Aus vielen Worten entspringt ebensoviel Gelegenheit zum Missverständnis.*
WILLIAM JAMES

## Wie die Vorfahren in der Steppe

Die Sprache der Pferde gehört zu ihrem angeborenen Verhalten. Pferde der unterschiedlichsten Rassen und Größen können sich auf Anhieb miteinander verständigen, wenn auch die Bobachtung gilt, dass sich manche von ihnen ganz offensichtlich spontan „mehr zu sagen haben" als andere. Ihre Instinkte, ihr Bewegungs- und Lautrepertoire haben alle heutigen Pferderassen von ihren wild lebenden Vorfahren geerbt. Wer die Pferdesprache verstehen will, muss sich daher zumindest in der Phantasie Jahrtausende zurückversetzen in die Zeit, in der die wild lebenden Verwandten unserer heutigen größten Haustiere noch durch die weitläufige Steppe streiften.

Als Vorläufer aller heute weltweit lebenden Pferderassen gelten die Urwildpferde. Als lebende Zeitzeugen erinnern die „Przewalski-Pferde" noch heute an 60 Millionen Jahre Entwicklungsgeschichte. Diese letzten lebenden Urwildpferde, die in ihrer mongolischen Heimat vom Aussterben bedroht sind, konnten nur durch erfolgreiche Projekte zur Rückzüchtung und Wiedereingliederung erhalten werden. Der Münchner Tierpark Hellabrunn gehört zu den Einrichtungen, die sich um den Fortbestand dieser Pferderasse verdient gemacht haben.

*Gedrungener Körperbau, Tarnfarbe für das Leben in der Steppe und helles „Mehlmaul" – die letzten Przewalski-Pferde sind lebende Zeitzeugen für die Entwicklungsgeschichte der Pferde.*

## Wildpferde sind beinahe ausgestorben

Auch wenn die Urwildpferde in ihrem natürlichen Lebensraum heute nicht mehr als Forschungsobjekte zur Verfügung stehen, gibt es genügend gesichertes biologisches Wissen über ihr artspezifisches Verhalten. Diese Forschungserkenntnisse haben ihre Gültigkeit nicht verloren, selbst wenn das Aussehen und die Lebensbedingungen der Pferde sich radikal verändert haben. Unsere heutigen Sport- und Freizeitpferde zeigen viele instinktive Verhaltensweisen, die sich nur durch die Kenntnis der natürlichen Lebensbedingungen der Wildpferde erklären lassen. Auch die Kommunikation der Pferde, ihre Sprache, ist heute noch durch die Anforderungen des Lebens in der Steppe geprägt — selbst wenn die Nachfahren der Steppenbewohner in modernen Ställen mehr oder weniger wie in „Goldenen Käfigen" leben.

Weichei! Weichei!

*Im Schutz der Herde fühlen Pferde sich wohl und sicher.*

Einen „natürlichen" Lebensraum, so wie ihn Pferde vorfinden müssen, um unabhängig von Menschen überleben zu können, gibt es in Deutschland nicht mehr. Das einzige hierzulande existierende Wildpferdereservat in Dülmen ist eine Ausnahme, die eher die Regel bestätigt. Denn auch dort werden die Dülmener Wildpferde, letzte direkte Nachfahren der wild lebenden Vorfahren unserer heutigen Pferderassen, in einem eingezäunten Areal nur scheinbar sich selbst überlassen. Ohne natürliche Feinde — die es hierzulande ebenfalls nicht mehr gibt — würde die Herde rasch zu groß. Daher werden jedes Jahr Jährlingshengste aus der Herde herausgefangen.

Allerdings sind die Dülmener Wildpferde nicht nur in ihrem äußeren Erscheinungsbild, sondern auch in ihrem genetischen Erbteil den so genannten „Urwildpferden" näher als die heutigen Reitpferde, die das Ergebnis jahrhundertelanger züchterischer Selektion darstellen. Salopp ausgedrückt, hat ein heutiges hochgezüchtetes Sportpferd mit dem Urwildpferd so viel zu tun wie ein Königspudel mit einem Wolf.

## Ausgerüstet für das Leben in der Steppe

Aus biologischer Sicht gelten Pferde als hoch spezialisierte Flucht- und Lauftiere. Die friedliebenden Pflanzenfresser können nur im Schutz der Herde überleben. Auf der Suche nach Nahrung und Wasser legen sie täglich große Entfernungen zurück: beim Grasen im gemächlichen Schritt, auf der Suche nach weiter entfernten Wasser- und Futterplätzen im ruhigen Trab, auf der Flucht im rasenden Galopp.

*Pferde sind wie ge-
schaffen zum Laufen
in der großen Weite.*
WILHELM BLENDINGER

Leistungsfähige innere Organe prädestinieren das Pferd zum ausdauernden Läufer. Eine rationelle Bewegungs-Mechanik ermöglicht es ihnen, mit Bodenbeschaffenheiten der unterschiedlichsten Art zurechtzukommen. Allerdings sind ihre Hufe im Verhältnis zur Körpergröße eher klein; in tiefem Boden sinken sie rasch ein. Sie bewegen sich — wenn auch überwiegend langsam — viele Stunden am Tag.

## Gut zu wissen

**Pferde sind dafür
prädestiniert, sich
viele Stunden am Tag
zu bewegen. Bewe-
gungsmangel, Bewe-
gungsstau und nicht
artgerechte Bewe-
gung erzeugen heut-
zutage weitaus mehr
gesundheitliche
Probleme bei Pferden
als ein „Zuviel" an
Bewegung.**

*Während das Fohlen schläft,
wacht die Mutter.*

## Tag und Nacht auf Nahrungssuche

Ihr hoher Wasserbedarf — abhängig von Witterung und Bewegung bis zu 50 und mehr Liter am Tag — zwingt Pferde zum regelmäßigen Aufsuchen einer Wasserstelle. Die Nahrungssuche — das Hauptnahrungsmittel ist Gras — kann im Extremfall bis zu 20 von 24 Stunden in Anspruch nehmen. Bei der Futteraufnahme sind sie wählerisch und geschickt im Auffinden von Nähr- und Mineralstoffen; extreme Mangelerscheinungen oder Vergiftungen haben bei wild lebenden Pferden Seltenheitswert.

Pferde legen sich nur dann hin, wenn sie sich sicher genug fühlen. Sie schlafen — mit Ausnahme von Jungtieren — wenig, aber sie gönnen sich regelmäßiges Dösen zur Regeneration. Für Fohlen haben die Ruhepausen einen besonderen Stellenwert: Sie wachsen nur im Schlaf.

## Macht der Gewohnheit, Gunst der Stunde

Die Urwildpferde lebten nicht standorttreu, das heißt, sie legten regelmäßig große Strecken zurück: auf der Suche nach Wasser- und Futterplätzen, im Wechsel von Trocken- und Regenzeiten, Kälte- und Wärmeperioden. Dennoch zeigen auch wild lebende Pferde ein ausgeprägtes Revierverhalten. An ihrem jeweiligen Standort legen sie rasch regelrechte Trampelpfade zu bevorzugten Plätzen an, die sie mit großer Regelmäßigkeit aufsuchen: immer derselbe bevorzugte Platz zum Schlafen, Dösen oder Sonnenbaden, immer dieselbe Tageszeit zum Spielen, für den Gang zur Wasserstelle, für den Schlaf der jüngsten Fohlen. Als Fluchttiere suchen Pferde beständig nach Sicherheit; Wiederholungen und feste Rituale helfen dabei.

*Pferde nehmen rasch
Gewohnheiten an und
halten hartnäckig
daran fest.*
WILHELM MÜSELER

Pferde sind sprichwörtliche Gewohnheitstiere — es entspricht ihrer Art zu lernen. Sie verfügen über eine leistungsfähige innere Uhr und stellen sich pünktlich auf wiederkehrende Abläufe ein. Feste Rituale erleichtern den Umgang mit dem Pferd bei allen wiederkehrenden Abläufen in der Versorgung und Pflege, aber auch in der täglichen Arbeit.

Untersuchungen haben zum Beispiel gezeigt, dass regelmäßige Futter- und anschließende Ruhezeiten die Futterverwertung verbessern. Geschickte Ausbilder nutzen die Neigung zum raschen Einschleifen von Gewohnheiten beim Anlernen von jungen Pferden (feste Tageszeiten, feste Abläufe, feste Standorte beim Auflegen der Ausrüstung oder beim ersten Aufsitzen).

Aber auch das behutsame Aufbrechen von Gewohnheiten will geübt sein. Pferde sollen lernen, auch mit Ortswechsel und veränderten äußeren Bedingungen zurechtzukommen. Wenn ein Pferd in fremder Umgebung vor lauter Aufregung über alles Neue etwa nicht frisst oder sogar die Wasseraufnahme verweigert, drohen Leistungseinbußen bis hin zu gesundheitlichen Schäden. Jede allzu sture Routine im Umgang mit Pferden kann sich zum Bumerang entwickeln, wenn jede gewünschte oder eben auch unvermeidliche Änderung für das Pferd mit einem Höchstmaß an Stress verbunden ist. Daher ist es nötig, Pferde nicht nur an ein Grundmuster, sondern auch an verschiedene Varianten zu gewöhnen.

### Wind und Wetter

Pferde haben nicht nur eine innere Uhr, sondern auch einen inneren Kalender, der dafür sorgt, dass sie auch für den Jahresverlauf passend vorbereitet sind. Zudem gelten sie als Klimawiderständler, die auch in rauem Klima — auf den windumtosten Shetland-Inseln in der Nordsee genauso wie in der arabischen Wüste — in freier Wildbahn überleben können. Riesige Unterschiede zwischen Tag- und Nachttemperatur, abrupter Wechsel der Jahreszeiten, extreme Witterungsbedingungen — Pferde sind für alle Fälle gerüstet. Ihr Fell passt sich Frost und Hitze problemlos an. Haut und Fell der Pferde bieten einen perfekten Witterungsschutz. Im Lebensraum der letzten Urwildpferde, den Hochplateaus der Mongolei, sind extreme Temperaturschwankungen zwischen den Jahreszeiten üblich. Arabische Pferde gedeihen im Wüstenklima mit dem Wechsel von glühendheißen Tagen und frostigen Nächten, Islandpferde leben seit der Besetzung der Insel durch die Wikinger halb wild in „Feuer und Eis".

Pferde reagieren instinktiv auf Wetterwechsel und veränderte Temperaturen. Sie verfügen zudem über eine im Tierreich seltene Eigenschaft: Sie können über die Haut Schweiß absondern. Seltenheitswert hat dagegen das Frieren — erkennbar am aufgestellten Fell und leichtem Zittern der Haut. (Die Vorliebe für Pferdedecken, den Verkaufsartikel Nummer eins im Reitsport, hat mehr mit den Bedürfnissen der Reiter als denen der Pferde zu tun.)

### Licht und Luft

Licht — genauer gesagt: die natürliche Sonneneinstrahlung — hat einen großen Einfluss auf ihr Stoffwechselsystem. Außerdem richtet sich etwa der Wechsel von Sommer- zu Winterfell und umgekehrt in erster Linie nach der Dauer des Tageslichts und erst in zweiter Linie nach den — manchmal für die Jahreszeit völlig untypischen — Temperaturen. Zum Beispiel halten warme Spätsommertage im September Pferde nicht etwa davon ab, Winterfell zu „schieben" und sich so auf die für den Oktober typischen ersten Nachtfröste gebührend vorzubereiten. Und auch ein noch so kaltes Frühjahr wird den großen Fellwechsel vom Winter- zum Sommerfell zwischen März und Mai nicht stoppen.

## Gut zu wissen

**Wer ein Pferd erziehen will, muss versuchen, die Gewohnheiten seines Pferdes in gewünschte Bahnen zu lenken. Weil Pferde von Natur aus hartnäckig an Gewohnheiten festhalten, ist es viel schwieriger, ihnen unerwünschtes Verhalten wieder abzugewöhnen.**

**Pferdefell ist nicht gleich Pferdefell. Je nach ihrem genetischen Erbe ist die Beschaffenheit und Dichte des Haarkleids von Pferd zu Pferd verschieden, ganz abgesehen vom regelmäßigen Wechsel zwischen Winter- und Sommerfell.**

Pferde sind allerdings wetterfühlig: Sie kosten angenehme Witterung genüsslich aus, trotzen Kälte und drehen bei heftigem Regen und Sturm ihre Kehrseite stoisch gegen den Wind. Sie nehmen in den ersten Sonnenstrahlen nach einer kalten Nacht regelrechte Sonnenbäder, dösen in der Mittagszeit im Schatten, spielen und galoppieren auf der Weide mit Vorliebe in den frühen Morgen- und Abendstunden, wälzen sich zum Schutz vor Insekten im Schlamm, zeigen Leistungseinbußen bei hoher Luftfeuchtigkeit, meiden instinktiv übertriebene Anstrengungen bei großer Hitze und sind bei Kälte knackig und bewegungsfreudig.

Die einzige Witterung, die der Pferdegesundheit abträglich sein kann, ist Zugluft — also ein Luftstrom, der deutlich kälter gefühlt wird als die Umgebungstemperatur.

*Die jungen Hengste genießen die Herbstsonne auf dem höchsten Punkt ihrer Koppel.*

## Gut zu wissen

**Pferde, die während der Arbeit geschwitzt haben, sollten anschließend weder kaltem Wind noch Zugluft im Stall ungeschützt ausgesetzt werden.**

*Toben im Schnee ist für Pferde genauso verlockend wie für Menschenkinder.*

## Antwort in der Pferdesprache

*Ställe mit wenig Frischluftzufuhr, deutlich gegenüber der Außenumgebung erhöhten Temperaturen und dicke Decken bieten den Reitern, nicht den Pferden Komfort. Wer die natürlichen Bedürfnisse seines Pferdes erkennt und versteht, sorgt für genügend Licht und Luft – auch im Winter.*

## Leben im Schutz der Herde

Nur in der Gemeinschaft einer Herde können wild lebende Pferde überleben — und fühlen sich ausnahmslos alle Pferde wohl und sicher. Herden, wie die Natur sie zustande kommen lässt, mit annähernd gleich großem Anteil männlicher und weiblicher Tiere und stark gemischter Altersstruktur, kann man allerdings höchstens noch im Zoo oder Tierpark sehen.

Die komplizierte innere Struktur eines Herdenverbandes lässt sich mit einer lebhaften, patriarchalisch organisierten Großfamilie vergleichen, in der Mütter trotzdem eine Menge zu sagen haben. Nicht nur der anerkannte Leithengst, sondern auch die Leitstute werden wegen ihrer mentalen Stärke — ihrer Sicherheit in allen Reaktionen, ihrer Erfahrung, ihrer Umsicht, ihrer Kampfbereitschaft — von allen übrigen Tieren respektiert. Sie sind die wichtigsten „Wächter" der Herde, die rechtzeitig das entscheidende Kommando zur Flucht geben. Körperliche Eigenschaften wie Größe, Stärke und Schnelligkeit geben auch bei Pferden nicht vorrangig den Ausschlag für so genannte Führungsqualitäten, spielen aber bei der Rivalität von Hengsten naturgemäß eine größere Rolle.

Selbst das schwächste Tier in der Herde wird beschützt, solange es im Kontakt mit der Herde bleibt. Nachzüglern — etwa auf der Flucht — droht Lebensgefahr: Sie sind bevorzugte Beute der natürlichen Feinde. Leithengste umkreisen die anderen Tiere oft wie ein guter Schäferhund. Zum Ausgleich wird ihnen beim begehrtesten Futterplatz und an der Wasserstelle selbstverständlich der Vortritt gelassen.

Das Zusammenleben in einer großen Pferdegruppe, so wie die Natur sie vorgibt — also mit annähernd gleich viel Stuten und Hengsten aller Altersstufen —, lässt sich heute kaum noch beobachten. Aber auch in allen Herden mit „künstlicher", von Menschen ausgewählter Zusammensetzung finden sich Strukturen natürlicher Herdenverbände wieder.

*Der beste Beweis für Führungsqualitäten ist die Fähigkeit, Probleme zu erkennen, bevor aus ihnen echte Notfälle werden.*
ARNOLD H. GLASGOW

## Gut zu wissen

**Viele Pferde zeigen auch unter dem Sattel oft noch ein starkes Herdenverhalten. Dazu gehört, dass sie sozusagen solidarisch die Flucht ergreifen, wenn ein anderes Pferd in der Nähe sichtbare Schreckreaktionen zeigt.**

### Lass meine Herde in Ruhe!

*Eine Dülmener Mix-Stute, die sich im Stallalltag durch besondere Freundlichkeit gegenüber Mensch und Tier auszeichnete, bekam im Sommer „Urlaub" auf der Weide. Sie teilte ihr neues Revier mit zwei Quarter Horses, die in kürzester Zeit den Neuankömmling als Leitstute respektierten. Die Mini-Herde bildete eine idyllische Gemeinschaft; es gab keinerlei Probleme mit dem Zugang zum Wasser oder zur Schutzhütte. Die neue Leitstute nahm ihre Aufgabe offensichtlich sehr ernst; so wachte sie beispielsweise in der prallen Sonne vor dem Unterstand, in den ihre Herdenmitglieder sich während der heißesten Stunden des Tages zurückgezogen hatten.*

*Kamen Menschen zur Koppel, so war es selbstverständlich, dass die Leitstute als Erstes ihren Tribut an Streicheleinheiten einforderte. Als die Besitzer der Quarter Horses allerdings einmal ihren Hund mit auf die Weide brachten, war es mit der Freundlichkeit vorbei. Mit angelegten Ohren und unmissverständlichem Drohgesicht raste die Stute auf den Vierbeiner zu, der fluchtartig die Koppel verließ und künftig freiwillig strikt außerhalb des Zaunes blieb.*

*Wenn sie auch selbst keine Angst vor Hunden hatte – für ihre Schützlinge war der fremde Vierbeiner eine mögliche Bedrohung.*

## Die Rangordnung

*Der Mensch ist ein nachahmendes Geschöpf. Und wer der Vorderste ist, führt die Herde.*
FRIEDRICH VON SCHILLER

Das Leben in der Herde funktioniert nach hierarchischen Prinzipien: Der oder die Ranghöhere kommt zuerst, geht zuerst, frisst zuerst, säuft zuerst, hat Vortritt an bevorzugten Plätzen zum Wälzen, Dösen, Kotablegen. Hengste versuchen auch dabei das letzte Wort zu behalten: Sie setzen ihren Äppelhaufen mit Vorliebe auf den Haufen des Konkurrenten, um ihre Überlegenheit symbolisch zu demonstrieren.

Das große Interesse an den Äppelhaufen der Artgenossen kann man gelegentlich auch noch bei spät gelegten Wallachen beobachten, die auf der Weide oder beim Freilaufen in der Reithalle die Hinterlassenschaften von vermeintlichen Konkurrenten fast schnüffelnd wie Hunde begutachten.

Deutlich rangniedere Pferde — zum Beispiel Jährlingsfohlen — gehen allen Konflikten mit älteren Tieren tunlichst aus dem Weg. Das ist durchaus wörtlich zu nehmen: Rangniedere Pferde müssen zurückstehen und notfalls ausweichen, wenn ein ranghöheres Tier entsprechende Rechte beansprucht. In der gleichen schlechten Ausgangsposition befindet sich jeder Neuling, der von Menschen in eine bereits strukturierte Herde gebracht wird.

Gleich und gleich gesellt sich gern, auch innerhalb einer Herde — das gilt für wenige Monate alte Spielgefährten ebenso wie etwa für Hengste, die noch keine Stuten für sich gewinnen konnten. Aber nicht alle Freundschaften in einer Herde lassen sich so erklären. Pferde neigen zu spontanen Sympathien und Antipathien, deren Ursachen für uns Menschen oft nicht nachzuvollziehen sind — und die den Pferdebesitzern viel Kopfzerbrechen und viele Tierarztrechnungen einbringen.
In einer natürlichen Herde duldet der Leithengst andere Kleinfamilien, bestehend aus jeweils einem Hengst und mehreren Stuten. Wird die Herde irgendwann zu groß, teilt sie sich in eigenständige Gemeinschaften.

*Einen regelrechten Kriegsrat scheinen die jungen Araberhengste zu halten.*

## Kämpfe um die Rangordnung

Um die Rangfolge zu klären, liefern sich selbst rivalisierende Hengste keine Kämpfe auf Leben und Tod. Wer von zwei Pferden der Ranghöhere ist — darüber entscheidet in erster Linie die Körpersprache. Pferde haben ein großes Repertoire an Imponier- und Drohverhalten. Wenn Pferde ihre Artgenossen beeindrucken wollen, zeigen sie sich groß und stark: mit aufgewölbtem Hals, sichtbarer Muskelspannung und geballter Kraft, die eine mögliche Entladung signalisiert.

*Steigen, mit den Vorderbeinen ausschlagen, beißen, den Gegner niederzwingen – so kämpfen Hengste gegeneinander.*

In der klassischen Dressurausbildung wird auf das Imponiergehabe der Pferde zurückgegriffen — nicht nur in einzelnen Lektionen wie zum Beispiel der „Imponiertrab"-Passage, sondern in der ganzen Entwicklung des Pferdes zu mehr Stärke in der Muskulatur und Aufrichtung in der Körperhaltung.

> ## Antwort in der Pferdesprache
> **Wer die Dressurausbildung der Pferde als pures körperliches Training begreift, bringt sich um die Chance, die Lust der Pferde am Imponieren auch unter dem Sattel zu nutzen. Die viel zitierte „Ausstrahlung" eines Dressurpferdes auch im Spitzensport lebt davon, dass Pferde die geforderten Lektionen gern ausführen.**

*„Schau her – wie stark und schön ich bin!", scheint dieser Spanische Hengst durch seinen Imponiertrab zu zeigen.*

*In der klassischen Dressurausbildung sollen Pferde lernen, sich auch unter dem Reiter stark und schön zu präsentieren.*

Nur annähernd gleich starke Pferde (wobei eher mentale als körperliche Stärke zählt) müssen ihre ungeklärten Rangordnungsstreitigkeiten unter dem Einsatz von Körpergewalt klären. Die Waffen der Pferde — Hufe und Zähne — können tatsächlich einigen Schaden anrichten. Aber auch körperliche Kämpfe dienen nicht in erster Linie dazu, den Gegner zu verletzen, sondern die Überlegenheit zu klären. Hengste bevorzugen den Steigkampf und ringen ihre Gegner regelrecht nieder. Stuten keilen bevorzugt nach hinten aus.

Auseinandersetzungen über die Rangordnung werden in der Regel dadurch beendet, dass der Verlierer zurückweicht oder vom Platz geht. Kämpfe auf Leben und Tod sind Extremsituationen (oder Büchern und Filmen) vorbehalten.

*Im Zweikampf um das Vorrecht des Stärkeren wird der Schwächere regelrecht niedergerungen.*

*Die Waffen der Pferde sind nicht zu unterschätzen – insbesondere Stuten weisen mit den Hinterbeinen ihre Gegner in die Schranken.*

## Mutter werden ist nicht schwer …

Sinn und Zweck des Herdenverbandes ist der Schutz des einzelnen Individuums bzw. des Fortbestandes seiner Nachkommenschaft. Die Sicherung des Fortbestandes der eigenen Gene gilt in der Biologie als der stärkste Antrieb überhaupt.

Pferde haben ein ausgeprägtes Sexualverhalten; Stuten sind alle drei Wochen „rossig", das heißt paarungsbereit. Durch häufiges Urinieren und eine Schleimabsonderung aus der Scheide machen sie den Hengst unmissverständlich darauf aufmerksam.

Frei lebende Herden, in denen man das natürliche Paarungsverhalten der Pferde beobachten kann, haben in Deutschland Seltenheitswert. In der systematisch betriebenen Pferdezucht wird immer mehr künstlich besamt. Aber auch

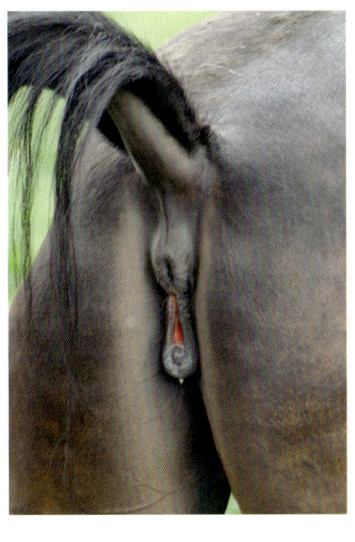

*Während der Rosse lässt die Stute ihre Scheide regelrecht „blitzen" – jedes männliche Tier in Sichtweite weiß Bescheid.*

Reiter, die keinerlei züchterische Absichten hegen, müssen sich mit dem Sexualverhalten ihrer Pferde auseinander setzen. Nicht nur Hengste, auch Wallache reagieren auf das eindeutige Liebeswerben von Stuten. Wenn mehrere Wallache und Stuten gemeinsam gehalten werden, bringt die Rosse der Stuten Konkurrenzdruck für die Wallache in die Herde.

## Spielend lernen

Die lange Tragzeit von elf Monaten gibt vor, dass die Stuten regelmäßig im Jahresrhythmus Fohlen zur Welt bringen können. Obwohl Fohlen als Nestflüchter bereits kurz nach der Geburt in allen Gangarten laufen und springen können, müssen sie bis zur Trennung von der Mutter einen Crash-Kurs in Überlebenstechniken absolvieren.

Im Spiel lernen Pferdekinder fürs Leben. Sie messen ihre Kräfte, trainieren ihre Schnelligkeit, üben ihre Kampftechniken, erhöhen ihre Fluchtgeschwindigkeit, steigern ihr Reaktionsvermögen. Wichtige Reiz-Reaktionsschemata werden den Pferden auf diese Weise zur zweiten Natur.

Aber nicht allein von der Mutter, sondern nur in einer Herde lernen Pferde das Einfügen in eine Rangordnung.

> ### Gut zu wissen
> **Während der Rosse muss mit verändertem Verhalten einer Stute gegenüber anderen Pferden, aber auch mit von den üblichen Reaktionen abweichender Sensibilität gegen Reiterhilfen gerechnet werden.**

*Früh übt sich, was ein großer Kämpfer werden will.*

## Flucht kontra Neugier

Wird der individuelle Sicherheitsabstand vor Furcht erregenden Gegenständen, die Fluchtdistanz, unterschritten, suchen Pferde ihr Heil in der Flucht. Eine Herde flieht so gut wie möglich im geschlossenen Verband — Nachzügler sind die prädestinierten Opfer.

Spektakulär für den menschlichen Betrachter ist die Reaktionsschnelligkeit der Pferde. Bei größeren Herden lässt sich immer wieder beobachten, wie alle Tiere auf ein geheimnisvolles Kommando hin gemeinsam die Flucht ergreifen.

Wer hinter einer fliehenden Herde zurückbleibt, ist in höchster Gefahr — diese Angst steckt Pferden bis heute sozusagen in den Knochen.

*Wenn sie sich in Gefahr glauben, konzentrieren Pferde alle Energie auf die Flucht; sie fliehen in dichtem, geschlossenem Verband.*

## Feinde mit vier Beinen

Die größte Gefahr für wild lebende Pferde ging von großen Raubtieren aus. Aber auch im Rudel jagende Wölfe und Hyänen konnten Wildpferden gefährlich werden. Außerdem mussten sie vor Giftschlangen auf der Hut sein. Selbst wenn die natürlichen Feinde der Pferde in unserer heutigen Kulturlandschaft nur noch in Zoo und Zirkus vorkommen, sind die großen Vierbeiner immer noch auf ihre Feindbilder geeicht. Fohlen, die noch nicht so viele Erfahrungen mit Menschen in allen Lebenslagen gemacht haben, kann man zuverlässig mit dem so genannten „Quadrupedentest" in die Flucht schlagen: Man braucht ihnen nur auf allen Vieren entgegenzukrabbeln, also den „unbekannten Vierbeiner" mimen.

## Rette sich, wer kann!

Wild lebende Pferde haben einen sechsten Sinn dafür entwickelt, einen Sicherheitsabstand zwischen sich und drohenden Gefahren zu halten. Flucht heißt nicht immer wildes Davongaloppieren. In vielen Fällen reicht ein Sicherheitsabstand: die Fluchtdistanz. Es ist der — je nach Pferd und Situation höchst unterschiedliche — Abstand, den ein Pferd wählt, um rechtzeitig flüchten zu können.

Bei Weidepferden kann man das Spiel mit der Fluchtdistanz gelegentlich beobachten — als Betroffener tut man gut daran, seine Wut herunterzuschlucken. Schließlich ist es eine erbitternde, gleichzeitig natürliche lächerliche Situation, auf der Weide ein Schrittrennen mit einem Pferd zu veranstalten, das darauf bedacht ist, seine Fluchtdistanz zu wahren. Manchmal „verwildern" Fohlen, die den Sommer Tag und Nacht auf der Weide leben, obwohl sie in den ersten Monaten ihres Lebens guten Kontakt mit Menschen hatten. Sie lassen sich nicht mehr berühren.

An solchen Verhaltensweisen kann man ablesen, wie wenig selbstverständlich es für ein Fluchttier ist, ein anderes Lebewesen beständig in seiner unmittelbaren Nähe zu dulden, ohne sich in die Fluchtdistanz retten zu können, wenn ihm danach zumute ist. Wenn es gar eingesperrt, in die Ecke gedrängt, vom Zaun behindert, festgehalten oder angebunden ist, kann es seinem Fluchtinstinkt nicht mehr folgen. Jetzt heißt es kämpfen — gegen jede Bedrohung, die ihm zu nahe kommt. Den individuellen Schutzraum eines Pferdes, das nicht mehr fliehen kann, nennt man kritische Distanz oder Individualdistanz.

*Ich schwör´s dir. Diesmal krieg ich dich!!!*

*Nur Freundschaft, enge Verwandtschaft oder Flucht schweißen Pferde zusammen — Konkurrenten müssen Abstand halten.*

## In der kritischen Zone

In seiner unmittelbaren Nähe, der Individualdistanz oder kritische Distanz, einem individuell unterschiedlich ausgeprägten Umkreis, duldet das Pferd nur befreundete Tiere, eigene Nachkommen oder den Sexualpartner. Fühlt es sich innerhalb dieser kritischen Distanz in die Enge getrieben, setzt es sich zur Wehr. Auch das beständige Unterschreiten der kritischen Distanz eines Pferdes — für Pferdehalter eine Selbstverständlichkeit — sollte stets mit aufmerksamem Blick auf die Reaktionen eines Pferdes geschehen.

Großer psychischer Stress kann Pferde in eine ziellose, gefährliche, unter Umständen selbstzerstörerische Panik versetzen. Sie schalten dabei die Außenwahrnehmung ab und sind daher nicht nur gefährlich, sondern auch selbst gefährdet.

In Panik rennen Pferde vor fahrende Autos, gegen feste Zäune oder gar Mauern und sie machen auch keinen Halt vor Artgenossen oder Menschen. Ein Pferd in Panik ist mit den sonst üblichen Mitteln — Stimme, Körperhaltung, Bewegungen — nicht aufzuhalten. Schlimmer noch: Es nimmt möglicherweise überhaupt keine Notiz von einem Zweibeiner, der sich ihm in den Weg stellt.

### Neugier hilft

Das Neugierverhalten bildet ein Gegengewicht zum Fluchtverhalten und sorgt dafür, dass die Pferde ihre Bewegungsenergie nicht wegen jeder kleinen Störung sinnlos verpuffen. Selbst wenn Pferde erst einmal ihren Sicherheitsabstand einfordern, das heißt vor einer Bedrohung zurückweichen, pirschen sie sich von selbst wieder an und versuchen, durch Besichtigen und Beschnuppern den Furcht erregenden Gegenstand zu „entschärfen". Diese Neugier kann und muss sich ein Reiter zunutze machen, wenn er sein Pferd an alle möglichen Situationen sicher gewöhnen will.

### Meide jeden Ärger!

Die friedliebenden Pferde vermeiden jeden überflüssigen Ärger, jede potenziell unangenehme oder bedrohliche Situation, und das konsequent und mitunter lebenslang. Das Meideverhalten der Pferde ist nie grundlos, sondern hat seinen Ursprung in Angst vor Unbekanntem und der Vermeidung von bekannten Unannehmlichkeiten. Jeder, der mit Pferden umgeht, muss alles daransetzen, zu verhindern, dass aus Unbekanntem für sein Pferd eine Unannehmlichkeit wird.

Wer ein Pferd erziehen und ausbilden will, muss beständig mit dem Meideverhalten der Pferde rechnen. Das Schlimmste, was uns Menschen dabei passieren kann, ist es, dem Pferd eine neue Situation als höchst unangenehme Erfahrung zu präsentieren. Das erste Anbinden, das erste Angurten, das erste Aufsitzen, das erste Verladen oder das Entgegenkommen eines ranghohen Artgenossen in der Reitbahn sind solche Situationen, die ein junges Pferd mit Sicherheit nicht angenehm findet, aber unbedingt tolerieren sollte. Jede Krise, die in diesen so wichtigen Lernschritten entsteht, kann dazu führen, dass sich ein Pferd sein Leben lang nicht unbefangen satteln lässt oder jedes Mal mit Unsicherheit und Ohrenanlegen reagiert, wenn ihm ein anderes Pferd in der Reitbahn begegnet. Das einmal ramponierte Vertrauen eines

Pferdes in diese Situationen wieder aufzubau-
en, kann eine wahre Sisyphusarbeit werden.
Es dauert zumindest ein Vielfaches der Zeit,
die es gebraucht hätte, dem Pferd die neue Situation in Ruhe schmackhaft zu machen.
Viele unerfahrene Pferdebesitzer, die sich auf
das Abenteuer der Ausbildung eines jungen
Pferdes einlassen, müssen empfindliches
Lehrgeld zahlen, weil sie ihr Pferd — natürlich unbeabsichtigt — gegen sich oder, besser gesagt, gegen eine bestimmte Anfor-
derung gründlich aufgebracht haben.

*Was der Fotograf wohl im Schilde führt? Das kleine Fohlen versucht es von selbst herauszufinden …*

- **Sicherheit**
- **Schutz der Herde**
- **Feste Rangordnung**
- **Futter und Wasser satt**
- **Sicherheitsabstand vor möglichen Bedrohungen**
- **Flucht vor Gefahr**
- **Sicherung der eigenen Nachkommenschaft**
- **Geregelter Tagesablauf**
- **Sichere Gewohnheiten**
- **Nähe befreundeter Pferde**

- **Unsicherheit**
- **Vereinzelung**
- **Hunger, Durst**
- **Unruhe und Stress in direkter Umgebung**
- **Ungeklärte Rangordnung**
- **Fehlende Fluchtmöglichkeit**
- **Chaotische Tagesabläufe**
- **Monotonie**
- **Fehlender Abstand von fremden Pferden**

- **Angriff innerhalb der kritischen Distanz**
- **Verdacht auf Raubtier- annäherung**
- **Unbekannter Vierbeiner**
- **Schlangen**
- **Blut, Aasgeruch**
- **Feuer**
- **Überschreiten der individuellen Reizgrenze**
- **Allein zurückbleiben, wenn die Herde weiterzieht**

# Wie die Natur sie ausgestattet hat – was sie mitbringen

## Alle Sinne gut beieinander

Leistungsfähige, hellwache Sinnesorgane wurden für das Urpferd zur Überlebensfrage. Im Leistungsvergleich der Sinneswahrnehmung schneiden wir Zweibeiner gegenüber Pferden ziemlich schlecht ab. Der schlichte Grund für so manche scheinbar unverständliche „Äußerung" eines Pferdes liegt einfach darin, dass Pferde auf eine Wahrnehmung reagieren, die wir Menschen nicht teilen können.

Vor Gericht gilt das Motto: „Im Zweifel zugunsten des Angeklagten" — Pferde verdienen ein vergleichbares Entgegenkommen. Die Einsicht muss gelten: Das scheinbar unverständliche, oft lästige und manchmal auch ärgerliche Benehmen eines Pferdes geschieht nie grundlos. Eine nahe liegende Ursache könnte die intensivere Wahrnehmung des Vierbeiners sein — und seine Reaktion darauf.

## Rundumsicht – beinahe perfekt

Die seitliche Anordnung der Augen am Kopf erlaubt den Pferden eine fast komplette Rundumsicht. Schwachstellen der Sicht sind tote Winkel direkt vor dem Kopf in Augenhöhe, direkt unter und über Kopf und Hals, über dem Rücken und hinter den Hinterbeinen. Allerdings sehen Pferde nicht die gesamte Umgebung gleich gut. Scharf können sie nur mit beiden Augen zugleich sehen; was ein einzelnes Auge erfasst, bleibt unscharf. Ein schnelles Heben, Senken oder Drehen des Kopfes gleicht diesen Mangel in Sekundenbruchteilen aus. Können sie den Kopf allerdings nicht frei bewegen — zum Beispiel weil sie sehr kurz angebunden sind — steigern sie sich schneller in Aufregung und Fluchtreflex hinein.
Meist ist es sinnvoll, Pferde mit beiden Augen schauen zu lassen, wenn sie durch eine Wahrnehmung im unscharfen Bereich verunsichert sich. Gelegentlich kann es auch nützlich sein, die Sicht noch mehr zu beschränken, beispielsweise beim Aufbrennen der Hufeisen am Vorderhuf. Mit einer Hand am Pferdeauge lässt die Sicht nach hinten auf den Furcht erregenden Rauch ganz gut einschränken, wenn auch der Geruch bleibt.

Auch die so genannten „Scheuklappen" am Kopfzeug von Pferden im Gespann schränken das Sichtfeld der Pferde im unscharfen Bereich ein, um den Tieren weniger Anlässe zum Scheuen zu bieten.

*Schau mal, wer da kommt: Die beiden Schimmel konzentrieren ihre gesamte Wahrnehmung auf den Ankömmling.*

- ☐ **Scharf sehen**
- ☐ **Bewegungssehen mit je einem Auge**
- ☐ **Toter Winkel**

## Rechts ist nicht gleich links

Pferde nehmen mit dem rechten und dem linken Auge gleichzeitig verschiedene Dinge wahr und verarbeiten die visuellen Reize in unterschiedlichen Gehirnhälften. Derselbe Gegenstand, den sie mit dem linken Auge schon gesehen haben, ist für sie etwas ganz Neues, wenn sie ihn aus der Gegenrichtung mit dem rechten Auge wahrnehmen.

Diese Beobachtung kann man gut beim Reiten machen, wenn man an einem Furcht erregenden Gegenstand vorbeireitet. Hängt etwa die neue Weihnachtsdekoration an der Bande, wird das Pferd vermutlich auf beiden Händen Befremden zeigen — denn gerade in vertrauter Umgebung wird jede Änderung von Pferden besonders deutlich wahrgenommen. Derselbe Tannenzweig mit Glitzerstern, der linksherum schon bis zur völligen Selbstverständlichkeit toleriert wurde, entfaltet erfahrungsgemäß nach dem Handwechsel neue Schrecken. Unterschiede in der jeweiligen Perspektive, im Hintergrund und Lichteinfall (Glitzern) können dazu führen, dass die Pferde auf einer Hand mehr scheuen als auf der anderen.

### Gut zu wissen

**Wenn Pferde eine Annäherung übersehen, weil sie im toten Winkel erfolgt ist, dann können sie — vor allem bei einer plötzlichen, unerwarteten Berührung — mit einem starken Abwehreflex reagieren. Dann schlagen auch ansonsten höchst verträgliche Pferde möglicherweise heftig aus.**

*Ich sehe was, was du nicht siehst ...*

*Wie außerordentlich gut und genau Pferde sehen, habe ich einmal bei der Vorbereitung für ein Turnier erlebt. In der 60 Meter langen Reithalle sollte ein Viereck mit den üblichen Maßen 20 mal 40 Meter aufgebaut werden. Der Ausbilder hatte zur Vorbereitung mit Hilfe eines Maßbandes an der Bande Markierungen für die Vierecksgrenzen und die Lage der Bahnpunkte angebracht. Es handelte sich um etwa fünf Zentimeter lange, senkrechte Bleistiftstriche auf den hölzernen Bandenbrettern. Mir waren sie beim Reiten nicht aufgefallen – aber das sensible Pferd des Reitlehrers scheute zunächst vor jeder dieser Bleistiftmarkierungen.*

### Antwort in der Pferdesprache
**Die einzig mögliche Antwort ist Geduld – und den Pferden Gelegenheit bieten, Furcht erregende Gegenstände aus allen möglichen Perspektiven zu „entschärfen".**

### Schwarz, Weiß, Rot

Durch Versuche weiß man, dass Pferd auch Farben unterscheiden können; allerdings hat das Buntstiftrot, das gerne als Hindernisfarbe verwendet wird, für sie nicht die gleiche Signalwirkung wie für uns. Sie können Rot, Gelb und Blau unterscheiden, aber nicht Braun oder Grau. Schwarze, überhaupt sehr dunkle Gegenstände wirken in der Regel bedrohlicher auf sie als weiße. Wer zum Beispiel versucht, einen massiven, dunklen Sprung anzureiten — schwarze Planken oder eine kompakte, schwarze Mauer, tut gut daran, mit dem grundsätzlichen Misstrauen seines Pferdes zu rechnen. Helle, leuchtende Oberflächen können dagegen Pferde regelrecht blenden, vor allem bei starkem Sonnenlicht.

*Optische Hilfsmittel helfen nicht nur bei der Ausbildung von Reitern, sondern auch von Pferden.*

Die Bewegungssehschärfe der Pferde — auch in weiter Ferne — ist enorm. Sie bemerken daher die Annäherung von Wildtieren, abzulesen an minimalen Bewegungen von Blättern und Gras, viel eher als ihre Führer oder Reiter. Ebenso erstaunlich ist ihr Sehvermögen in Dämmerung und Dunkelheit. Dafür sorgt eine reflektierende Zellschicht hinter der Netzhaut, die das einfallende Licht reflektiert und die Sehzellen erneut erregt. Verblüffend ist die außerordentliche Orientierungsfähigkeit von auf einem oder gar beiden Augen erblindeten Pferden.

### Wer nicht sieht, hört doppelt

*Einmal machte ich den Versuch, ein Pony zu longieren, das auf dem rechten Auge erblindet war. Nach meiner Einschätzung sollte es kein Problem sein, das Pferd auf der linken Hand zu longieren, an der das Pferd mit seinem intakten Auge mir und damit auch Longe und Peitsche zugewandt war. Für schwierig hielt ich den Versuch, die Richtung zu wechseln: Wenn das Pferd mit dem inneren rechten Auge meine Körperhaltung und die Peitsche nicht sehen könnte, wäre eine Verständigung nur noch über die Stimme möglich. Die Praxis erwies genau das Gegenteil. Mit dem blinden Auge außen fühlte sich das Pony sehr verunsichert, scheute bei jedem Geräusch und drängte nach innen. Mit dem blinden Auge mir zugewandt konnte ich das Pferd in allen drei Gangarten problemlos longieren und die Peitsche wie gewohnt einsetzen – das leise Fliegen der Peitschenschnur durch die Luft reichte aus, um das Pferd anzutreiben und auch nach außen auf den Hufschlag zu weisen. Gleichzeitig mit dieser Meisterleistung in Sachen Konzentration nahm das Pferdchen mit dem intakten Auge die gesamte übrige Umgebung wahr …*

Es gibt Berichte über völlig erblindete Pferde, die sich auf der Weide problemlos zurechtfinden und beispielsweise nie an feste Hindernisse wie Bäume oder an den Zaun stoßen. Manche Autoren schreiben daher den Pferden ein Echolot-System ähnlich der Orientierungsfähigkeit der Fledermäuse zu.

> ## Gut zu wissen
> **Pferdeaugen sind anders konstruiert als Menschenaugen und liefern – aus unserer Sicht – horizontal verzerrte Bilder.**

### Vom Dunkel ins Helle und umgekehrt

Dafür stellen sich Pferdeaugen nur langsam auf rasch wechselnde Lichtverhältnisse ein — vom Hellen ins Dunkle (und umgekehrt) zu wechseln macht Pferde vorübergehend „blind". Schlechte Erfahrungen hat man daher mit den allerersten Flutlichtspringen gemacht, in denen nur die einzelnen Hindernisse in einen Lichtkegel getaucht waren und der Raum zwischen den Sprüngen dunkel blieb. Nachdem die Pferde mit deutlicher Verunsicherung reagierten, sind heute alle Parcours unter künstlichem Licht durchweg hell ausgeleuchtet. An Reiten mit Spotlight — etwa bei Schaunummern — müssen Pferde sehr behutsam gewöhnt werden. In Vielseitigkeitsprüfungen wird noch heute die Vertrauensfrage zwischen Pferd und Reiter gestellt, wenn etwa ein Sprung aus einer hellen, übersichtlichen Strecke in einen dunklen Waldweg gefordert wird. Solche Hindernisse sind in der Regel nicht hoch und sehen für den Betrachter völlig unspektakulär aus, werden aber von den Reitern mit höchstem Respekt betrachtet: Sie haben es gelernt, die Sprünge mit Pferdeaugen anzusehen …

**Immer gegen die Sonne!
...Das nervt!**

### Ich höre, was du nicht hörst

*Sprache ist Zwiesprache oder Irrtum.*
MANFRED HINRICH

Pferde haben ein sehr feines Gehör, mit dem sie jedes Knistern, Rascheln und Zischen, das ein sich näherndes Lebewesen anzeigt, rechtzeitig aus den sie umgebenden Lauten herausfiltern können. Je höher allerdings der allgemeine Geräuschpegel ist, desto schwieriger wird diese Aufgabe für sie.

Daher sind sie in lauter Umgebung unter höherer Anspannung, um im Zweifelsfall trotzdem noch rechtzeitig die Flucht ergreifen zu können. Besonders gut beobachten kann man diese innere Vorsichtsmaßnahme bei starkem Wind und Sturm. Da sich im Wind alles bewegt — von Blättern bis zu Fensterläden — und entsprechend knistert, rauscht und klappert, fühlen sich Pferde instinktiv der möglichen Annäherung eines natürlichen Feindes ohne rechtzeitige Fluchtmöglichkeit ausgesetzt. Gerade ängstliche Pferde sind in einer solchen Geräuschkulisse kaum davon zu überzeugen, dass der Reiter für ihre Sicherheit garantieren kann ... Bei stürmischem Wetter kann es nicht nur auf einem Ausritt, sondern auch bei einer Routine-Reitstunde in der der Halle schwierig werden, ein Pferd sicher an den Reiterhilfen zu behalten.

*Beide Ohren zur Seite gedreht – der beste Rundumschutz gegen unbemerkte Annäherung.*

### Die menschliche Stimme

Ihre Sensibilität für leise Töne zeigen Pferde auch gegenüber menschlichen Stimmen. Allerdings entschlüsseln sie auch verbale Botschaften auf ihre spezifische Weise: Sie orientieren sich viel weniger an begrifflichen Kommandos als an den unterschwelligen Botschaften der Stimme; für sie ist nicht entscheidend, **WAS**, sondern **WIE** etwas gesagt wird.

Eine menschliche Stimme kann — unabhängig vom jeweiligen Wortsinn — auffordern oder beruhigen, anfeuern, loben, strafen, Vertrauen schaffen.

*Der Ton macht die Musik – auch in der Kommunikation mit dem Pferd.*

### Kommando „Blumenkohl"

*Um zu zeigen, auf welche Komponenten der menschlichen Stimme Pferde reagieren, habe ich bei einem Longierlehrgang einmal ein eher komisches Experiment gewagt. Das in der klassischen Ausbildung vorgeschriebene Kommando für das Angaloppieren an der Longe heißt: „Und – Galopp – Marsch!" Wobei „und" ein Pferd aufmerksam macht, „Galopp" die nächste Gangart ankündigt und „Marsch" die Ausführung verlangt. Ein Pferd wird dieses Kommando aber nur verstehen und befolgen, wenn es rhythmisch im richtigen Moment angepasst an die Pferdebewegung gegeben wird. Anfänger beim Longieren haben oft Hemmungen, diese Kommandosprache artikuliert zu benutzen – und erreichen dann auch nicht die erwünschte Reaktion des Pferdes. Um die Wichtigkeit des rhythmischen Sprechens mit dem Pferd zu demonstrieren, bot ich den Lehrgangsteilnehmern ein Experiment an: Sie sollten mir ein x-beliebiges Wort zuwerfen, dass ich statt des üblichen Kommandos benutzen wollte. Die Teilnehmer nahmen die Herausforderung an – ich erhielt das Stichwort „Blumenkohl". Trotz meiner eigenen leisen Zweifel war die Verständigung mit dem Pferd – unterstützt durch die übliche Hilfengebung mit Longe und Peitsche – kein Problem. Das Pferd galoppierte auf das Kommando „Blumenkohl" hin gehorsam an und parierte auch wieder zum Trab – solange meine Stimmführung dem vertrauten Tonfall entsprach.*

### Kommando „Brrr"

Pferde sind aber auch in der Lage, sich einige prägnante Kommandos eindeutig zu merken. Die dabei verwendeten Begriffe müssen möglichst kurz sein und am besten einen lautmalerischen Klang haben: das rollende „Brrrr" für ein Pferd vor der Kutsche, das lang gezogene „Haaaalt" für ein Longenpferd, das außen auf dem Hufschlag halten soll. Die üblichen Kommandos für die drei Grundgangarten werden nicht nur von Pferden an der Longe befolgt — auch Schulpferde kennen die Stimme ihres Reitlehrers und befolgen dessen unzweideutige Anweisungen sicherer als die oft widersprüchlichen Botschaften eines Anfängers im Sattel.

Unzweifelhaft verstanden werden von Pferden anfeuernde Laute wie Schnalzen oder Zischen. Wer sich das angewöhnt, treibt allerdings oft nicht nur das eigene Pferd, sondern auch die Pferde in der Umgebung mit an — genau wie das hörbare Sausen eines Gertenhiebes nicht etwa nur dem eigenen, sondern auch anderen Pferden in der Reitbahn drohende Unannehmlichkeiten ankündigt.

Pferden spezielle sprachliche Kommandos beizubringen, ist mühsam. Kutschpferde in früheren Zeiten mussten „Hüh" und „Hott" erlernen, was so viel heißt wie rechts und links. Da jüngere Pferde im Gespann üblicherweise neben einem erfahrenen Pferd angelernt wurden, konnten sie sich auf diese Weise an die sprachlichen Kommandos und die dazugehörige Aktion gewöhnen.

### Übernächsthöhere Gangart

*Manchmal verstehen Pferde sogar wie kleine Kinder genau das, was eigentlich nicht für ihre Ohren bestimmt ist. Ich lernte als Kind im Gelände reiten; eine Reithalle gab es nicht, und der Reitplatz war nur sommertauglich. Bei wechselnden Wetterverhältnissen gerieten die Ausritte im Winter manchmal zum Abenteuer. Wenn Kahlfrost herrschte, konnte man nur Schritt reiten. Fiel dann Schnee und der Boden federte wieder, warteten die Pferde gespannt auf die erste Möglichkeit, sich so richtig auszutoben. Galopp war an solchen Tagen eine für alle Beteiligten ziemlich aufregende Angelegenheit. Deswegen sollte wenigstens das Angaloppieren ruhig und geordnet und auf keinen Fall mit einem Blitzstart vor sich gehen. Aber die Ankündigung: „Vorbereiten zum Angaloppieren" nahmen die Pferde regelmäßig zum Anlass, das Kommando sofort und einhundertfünfzigprozentig auszuführen. Schließlich wurde der Begriff „Galopp" für Ausritte weiträumig – also auch in der Verbform – verboten. Um die übereifrigen Pferde zu täuschen, hieß es ab jetzt nur noch: „Vorbereiten für die übernächsthöhere Gangart!"*

Obwohl Pferde gute Ohren haben, „hören" sie nur auf energische, deutliche Kommandos, die am besten mit tiefer, ruhiger Stimme gegeben werden. Nur wenn ein Pferd nicht wie gewünscht reagiert, macht es Sinn, die Stimme anzuheben und die Lautstärke etwas zu steigern. Ein kurzes Kommando reicht — Pferde lassen nicht mit sich diskutieren, jedenfalls nicht verbal.

*Wer schreit, hat deswegen nicht mehr Recht.*
AUS DEUTSCHLAND

Pferde können den Unwillen des Besitzers oder Reiters unzweifelhaft an der Stimme ablesen. Ein lautes, unwilliges „Nein" reicht oft schon aus, um sie von einer unerwünschten Aktion abzuhalten. Mit der unmissverständlich eingesetzten Stimme kann man ein sensibles Pferd strafen und ein phlegmatisches, dickfelliges Pferd zu erwünschten Reaktionen bewegen — manchmal sogar besser als mit der Gerte.

### Antwort in der Pferdesprache

*Die verbale Verständigung mit dem Pferd sollte grundsätzlich in „Zimmerlautstärke" erfolgen, also leises, ruhiges Sprechen mit tiefer Stimme. Kommandos müssen deutlich und rhythmisch gegeben werden. Mit der Lautstärke steigt auch die Erregung beim Pferd: Pferdefreunde schreien daher niemals ein Pferd grundlos an.*

*Die leise Zwiesprache mit einem Pferd bedarf nicht vieler Worte.*

## Gutes Zureden

Auch wenn Pferde weder schlüssigen Argumenten noch gekonnten Formulierungen in jedweder Sprache zugänglich sind, ist es doch wichtig, mit ihnen zu sprechen. Eine freundliche, ermutigende, lobende Stimme gibt dem ängstlichen Fluchttier Pferd das, wonach es am meisten sucht: Sicherheit. Eine vertraute Stimme kann über so manche Krise hinweghelfen — dem Pferd sozusagen glaubhaft versichern, dass ein vertrauenswürdiges Lebewesen in der Nähe ist. „Die Stimme des Herrn" (im Reitsport überwiegend die Stimme des „Frauchens") kann ein Pferd davon abhalten, seine Box zu demolieren, weil es sich festgelegt hat, beim Anblick eines vierrädrigen Ungetüms auf der Straße die Nerven zu verlieren oder den ungeliebten Pferdehänger systematisch auseinander zu nehmen.
Auch in der Ausbildung von Pferden unter dem Sattel gilt die Stimme sogar offiziell als wichtiges Hilfsmittel und wird in einem Atemzug mit Peitsche und Sporen genannt. Der Stimme traut man dabei die größte Wirksamkeit zu — so viel, dass beispielsweise der hörbare Stimmeinsatz bei Dressurprüfungen zum Ausschluss führt.

Viele Pferde reagieren auch beim Reiten sehr sensibel auf gutes Zureden, besonders bei Aufregung, Anspannung und Angst. Auch für Reiter macht das Sprechen auf dem Pferderücken in schwierigen Situationen Sinn: Wer spricht, muss ausatmen und kann nicht die Luft anhalten — eine typische Folge des Erschreckens. Wer ausatmet, hört auf, sich zu verkrampfen und kann seine eigenen Muskeln adäquat benutzen.

Ein Musterbeispiel von Sprechen mit dem Pferd konnte ich bei einer deutschen Juniorenmeisterschaft in der Vielseitigkeit beobachten. Ein jugendlicher Reiter auf einem sensiblen Vollblüter redete während der gesamten Geländestrecke leise und rhythmisch mit seinem Pferd und erklärte ihm sozusagen die Strecke — ein eindrucksvolles Bild des völligen Vertrauens auf Gegenseitigkeit.

## Feine Nasen

Der Geruchssinn der Pferde kann dem mancher Hunde Konkurrenz machen. Pferde verabscheuen Raubtiergeruch, Rauch und Feuer, stinkenden Müll oder intensiv riechende Medikamente, ganz besonders aber Aas- und Blutgeruch. Sie erkennen einen Tierarzt — auch wenn sie ihn noch nie vorher gesehen haben — an dem ihn umgebenden Medikamentengeruch, sie verweigern möglicherweise ihre gewohnte Futtermischung oder ihr Heu, wenn es von einer neuen, nicht mehr vertraut riechenden Lieferung stammt. Auch hier gilt: Die feine Wahrnehmung von Gerüchen kann Pferde etwa im Gelände zu Aufregung und Widerstand veranlassen.

### Gut zu wissen

**Auf befremdliche oder aufregende und sexuell stimulierende Gerüche reagieren Pferde durch demonstratives Hochziehen der Oberlippe — das so genannte „Flehmen". Das kann — in selteneren Fällen — auch ein Anzeichen für Schmerz sein.**

*Nur auf starke Reize reagieren Pferde mit Flehmen.*

### Gefährlicher Geruch

*Der heimatliche Stall „zieht" eigentlich immer – das heißt, Pferde legen auf dem Rückweg gern im Tempo ein bisschen zu. Umso erstaunter war ich, als auf der Rückkehr nach einem Ausritt in einer kleinen Pferdegruppe alle Pferde plötzlich mitten auf der Straße die Beine buchstäblich in den Asphalt rammten und keinen Schritt mehr vorwärts gehen wollen. Wir befanden uns bereits im Dorf, nur rund 250 Meter von unserem Heimatstall entfernt. Als weder gutes Zureden noch weniger sanfte Hilfengebung fruchteten, nahmen wir einen größeren Umweg in Kauf. Erst Stunden später löste sich das Rätsel: Bei einem benachbarten Bauern war Schlachttag auf dem Hof. Der damit verbundene Geruch war den empfindlichen Pferdenasen nicht verborgen geblieben.*
*Was unsere Pferde vermutlich gewittert haben, war nicht das künftige Schnitzel, sondern die frisch erlegte Beute eines gefährlichen Raubtieres.*

## Schmeckt das Futter?

Eng mit dem Geruchssinn hängt auch der differenzierte Geschmackssinn zusammen. Pferde sind wählerisch und fressen längst nicht alles, was ihnen vor der Nase wächst oder in die Krippe geschüttet wird.

Besonders wählerische Pferde regieren empfindlich auf jeden Futterwechsel. Gerade bei Mischfutter schwanken gelegentlich Geruch und Konsistenz des Futters — Grund genug für manche vierbeinigen Gourmets, das Krippenfutter plötzlich und ohne ersichtlichen Grund zu verschmähen.

**Gut zu wissen**

**Das in manchen Zweigen der Reiterei übliche Scheren der Tasthaare im Dienste eines fragwürdigen Schönheitsideales gilt heutzutage juristisch eindeutig als Tierquälerei.**

Stark verunreinigtes Futter — zum Beispiel durch Mäusekost — hat in einem empfindlichen Pferdemagen sowieso nichts verloren; zum Glück verweigern viele Vierbeiner auch solches Zumutungen für ihre feine Nase.

Bei der Prüfung des Futters helfen ihnen die langen Tasthaare um Maul und Nüstern. Mit deren Hilfe können sie unerwünschte Bestandteile wie Steine, kleine Zweige oder irgendwelche versehentlich ins Futter gelangte Fremdkörper zielsicher aussortieren, allerdings auch unerwünschte Medikamente — Anfeuchten des Futters kann helfen.

## Giftpflanzen

Artgerecht gehaltene Pferde haben in der Regel ziemlich gute Antennen für Futter, das ihnen nicht bekommt. Anders sieht es aus mit Pferden, die das natürliche nahezu ganztägige Knabbern und Suchen nach verwertbarem Futter nicht ausleben können. Ungestillte Gier auf saftiges Futter oder pure Langeweile können Pferde dazu veranlassen, an allem Grünen zu knabbern, das sich in ihrer Reichweite befindet. Das vermehrte Aufkommen von Giftpflanzen in der heutigen Kulturlandschaft hat die Zahl der Vergiftungsfälle bei Pferden in die Höhe schnellen lassen. Im Gegensatz dazu schwindet der Bezug vieler Pferdefreunde zur Natur. Welcher Pferdehalter oder Reiter weiß schon genau, wie viele weit verbreitete Pflanzen von Buchsbaum bis Thuja, von Oleander bis Rhododendron, von Eichen bis Maiglöckchen für Pferde giftig, zum Teil lebensgefährlich sind?

*Die Gier auf frisches Grün kann zum wahllosen Knabbern verleiten.*

*Ist der Bedarf an Grünzeug gestillt, sind Pferde wählerisch gegenüber unbekannten Pflanzen.*

### Fühlen, atmen, schwitzen: die Haut

Schließlich verfügen sie über eine berührungsempfindliche Haut. Wie nur wenige Tierarten — etwa Menschenaffen — können sie über ihre Haut große Mengen Schweiß absondern. Schwitzen gilt bei Pferden nicht etwa als „unfein", im Gegenteil. Vollblüter, die auch gerne als „edle" Rassen bezeichnet werden, schwitzen am meisten, und das nicht nur bei der Arbeit. Typisch für sensible Pferde sind Schweißausbrüche bei Stress, Aufregung und Angst — gelegentlich auch als Krankheitsanzeichen.

Wie sensibel die Haut eines Pferdes ist, lässt sich bei sommerlicher Insektenplage beobachten: Pferde können mit quadratzentimetergroßen Hautpartien gezielt zucken, um unerwünschte fliegende Plagegeister abzuschütteln.
In der Berührungsempfindlichkeit der Pferde gibt es riesige Unterschiede; manche sind regelrecht kitzlig, besonders im Bereich von Flanken und Bauch. Allerdings wäre es ein Missverständnis, den Maßstab unseres menschlichen Berührungsempfindens an Pferde anzulegen. Wenn man die Kniffe, Bisse und Tritte beobachtet, die Fohlen im Spiel austauschen, wird schnell klar, dass die Toleranzgrenze solcher Raufereien bei Pferden ungleich höher liegt als bei Zweibeinern.

*Schmusen unter Pferden: vom fürsorglichen Ablecken ...*
*zum freundschaftlichen Beknabbern*

## Leise Tiere mit lauten Stimmen

Das charakteristische Wiehern der Pferde ist eher selten zu hören. Es bleibt ganz bestimmten Situationen vorbehalten, in denen Pferde eindeutig nach ihren Artgenossen rufen: Mütter rufen so ihre Fohlen zu sich, Pferde in Angst oder Aufregung vergewissern sich der Nähe ihrer Artgenossen.

Endlich ist es gelungen, die hoch komplexe Pferdesprache zu entschlüsseln!

### LEISE TÖNE – DAS LAUTREPERTOIRE

- Pferde sind leise Tiere. Laute Töne verraten Aufregung.
- Wiehern ist ein intensiver Appell an Artgenossen.
- Eine Art stimmloses Wiehern oder leises Schnauben fungiert als Begrüßungslaut (vertraute Menschen, Futter).
- Heftiges Schnauben verrät Erregung. Es kann sich bis zu einer Art lautem Schnorcheln steigern.
- Schrilles Quietschen ist eine Drohung gegenüber Artgenossen.
- Selten zu hören, aber imposant ist das raubtierähnliche Kampfgeschrei von Hengsten.
- Leises Schnauben und zufriedenes Prusten signalisieren Entspannung und Wohlbefinden.
- Schmerzenslaute haben Seltenheitswert.

*Tiere reden mit den Augen oft vernünftiger als Menschen mit dem Mund.*
LUDOVIC HALÉVY

## Natürliche Bewegungen

Alle Pferde können sich in den drei so genannten Grundgangarten gehend (im Schritt), laufend (im Trab) und springend (im Galopp) vorwärts bewegen. Weitere Gangarten sind das Privileg bestimmter Rassen als Ergebnis langer selektiver Züchtung — meist, um dem Reiter einen bequemen Sitz im Sattel zu ermöglichen. Aus dem Mittelalter sind „Zelter" als Reitpferde für Damen überliefert; sie werden von den Historikern heute als „Tölter" eingeordnet, Pferde mit einer besonders bequemem „Reisegangart". Bekanntestes Beispiel für heutige Gangpferde sind die Islandpferde, eine auf der Vulkaninsel seit der Gründung durch die Wikinger streng von Fremdeinflüssen abgeschottete Rasse, in der vier bis fünf Gangarten (neben Tölt auch Pass) regelmäßig vorkommen. Andere Gangpferderassen, vornehmlich aus Südamerika, kommen in Deutschland langsam in Mode wie etwa peruanische Paso Finos.

Wie viele andere Wildtiere können Pferde von Natur aus bergauf und bergab klettern, schwimmen und springen, und sie tun es auch — freilich nur, wenn es unvermeidlich ist. Fluchttiere sind gezwungen, mit ihrer Energie rationell umzugehen, sonst sind sie bei knappem Futterangebot rasch existenziell gefährdet. So rät der Instinkt den Pferden, unsicheren Sumpf, tiefes Wasser oder feste Hindernisse Kräfte sparend zu umgehen. In der freien Natur schwimmen und springen Pferde nur, wenn sie müssen. Das passiert nicht nur auf der Flucht oder gar in wilder Panik, sondern auch, wenn sich ein Hindernis auf dem Weg zu einem bevorzugten Platz nicht umgehen lässt.

*Nicht einmal die dichte Algendecke hält das Pferd vom Schwimmen ab.*

## Kein Pferd ist wie das andere

*Ein bescheidenes Pferd taugt nicht zum Wettlauf.*
DEUTSCHES SPRICHWORT

Die Verschiedenheit der Pferde macht einen Teil ihrer großen Anziehungskraft aus. Jeder Pferdebesitzer weiß: Kein Pferd ist wie das andere. Mindestens so groß wie die körperlichen Unterschiede sind die individuellen Ausprägungen von Temperament und Charakter.
Genau wie wir Zweibeiner sind Pferde geprägt von natürlichen Anlagen und vielfältigen Erfahrungen, die sich im Laufe der Zeit zu einer unverwechselbaren „Persönlichkeit" (leider gibt es kein anderes passendes Wort aus dem Tierreich) verdichten.
Pferde bringen von sich aus die Begeisterung für Bewegung und Arbeit mit — oder auch nicht. Sie sind von Natur aus gelassen oder leicht erregbar, zutraulich oder misstrauisch, ängstlich oder unerschrocken, duldsam oder schnell zu Gegenwehr bereit. Gewöhnung und gute wie schlechte Erfahrungen helfen bei der Ausformung der individuellen Pferdepersönlichkeit mit. Aber aus einem ängstlichen, rangniederen Pferd wird selten ein Strahlemann im Dressurviereck und noch seltener ein routiniertes, nervenstarkes Springpferd. Ein „guckiges", das heißt überdurchschnittlich an Umweltreizen interessiertes Pferd kann im Laufe einer guten Ausbildung zu einem zuverlässigen Sportpartner werden; ein gemütliches Familienpferd wird vermutlich nie daraus. Ein Pferd mit gesundem Phlegma kann ein prima Partner für Ausritte sein, im Viereck dagegen wird es kaum die nötige Motivation für größere Anstrengungen aufbringen. Ein eher dickfelliges, nicht leicht von Umweltreizen zu beeindruckendes Pferd wird weniger leicht scheuen als seine sensiblen Artgenossen, dafür ist es auch für einen Menschen

weitaus schwieriger, ein solches Pferd vom Boden aus zu beeindrucken. Auch die Bereitschaft und Fähigkeit, den Reiterhilfen zu folgen, bringen junge Pferde bereits mit — oder eben nicht.

Gerade die inneren Eigenschaften eines Pferdes legen den Grundstein für den Erfolg im Sattel — ein Pferd mit noch so viel Bewegungstalent, das nicht gerne mit dem Reiter kooperiert, wird seine Möglichkeiten unter dem Sattel nie voll entfalten. Und so manches unscheinbare Pferd macht durch Leistungsbereitschaft und Zuverlässigkeit wett, was ihm die Natur an äußeren Gaben verweigert hat.

## Typisch Blüter, typisch Robustpferd

Ausgewählte Eigenschaften gelten dabei durchaus als typisch für einzelne Pferderassen — Ausnahmen bestätigen auch hier die Regel.

Zu den vererbbaren rassetypischen Faktoren gehören zum Beispiel die Reiz- und Reaktionsschwelle sowie die Reaktionsgeschwindigkeit. Arabische und englische Vollblüter gelten zum Beispiel als die Pferde mit der niedrigsten Reizschwelle und der kürzesten Reaktionsgeschwindigkeit. Das heißt Vertreter dieser Rassen sind schnell auf der Flucht, aber auch genauso schnell in ihren positiven Reaktionen auf Vertrautes. Kein Wunder, dass diesen beiden Rassen eine besondere Nähe zum Menschen nachgesagt wird. Besonders über arabische Vollblüter kursieren jede Menge Legenden bis hin zur Geschichte der fünf Stuten Mohammeds, die bis heute den edelsten Stammbaum dieser Rasse bilden.

*Bewegungsfreudig und reaktionsschnell – so präsentiert sich die Araberstute.*

Der Überlieferung nach soll der Prophet hundert Stuten tagelang ohne Wasser in einem Pferch eingesperrt gehalten haben. Als dann endlich das Tor geöffnet wurde und die Tiere zur Wasserstelle stürmten, ließ er seinen gewohnten Kriegspfiff ertönen. Die legendären fünf Stuten — die Stamm-Mütter der Araberzucht — kehrten um, ohne ihren Durst gelöscht zu haben.

Hey, immer cool bleiben. Es ist nur ein Blatt, hörst du? NUR EIN BLATT!

*Eher gemütlich wirkt die Haflingerstute mit ihrem Nachwuchs.*

Die typischen Robustrassen — mit diesem eher schwammigen Begriff werden im reiterlichen Sprachgebrauch Rassen zusammengefasst, die problemlos ganzjährig im Freien gehalten werden können — zeichnen sich dagegen eher durch Cleverness und Gelassenheit aus. Islandpferde, Norwegische Fjordpferde oder Haflinger sind hierzulande die bekanntesten Vertreter dieser Pferdegruppe. Sie wären vermutlich niemals durch einen Pfiff von Futter oder Wasser abzuhalten — dafür ist ihre Reizschwelle recht hoch, das heißt, sie sind weniger leicht durch äußere Reize zu beeindrucken und nicht so schnell in die Flucht zu schlagen.

Freilich lassen sie sich auch von Menschen nicht so einfach beeindrucken. Nicht ohne Grund eilt etlichen Vertretern dieser Rassen der Ruf einer gewissen Sturheit voraus. Diese Eigenschaft hat durchaus ihre gute Seite, aber auch ihre Kehrseite. Ein eher dickfelliges Pferd ist nicht so leicht zur Mitarbeit zu bewegen wie ein sensibles — wer nicht imstande ist, zur rechten Zeit ein Machtwort (in der Pferdesprache!) zu sprechen, wird in Auseinandersetzungen schnell den Kürzeren ziehen. Haben solche Pferde aber erst einmal ihre Aufgaben gelernt, dann sind sie schnell zu einer zuverlässigen Routine bereit, die auch unerfahrenen Reitern Sicherheit bietet.

*Ein faules Pferd drückt jeder Sattel.*
SPRICHWORT AUS DEUTSCHLAND

- **Position mit Überblick**
- **Leise, dunkle Töne (Stimmen)**
- **Vertraute Umgebung**

- **Geräusche unbekannter Herkunft**
- **Laute, schrille Töne (Stimmen)**
- **Extreme Gerüche (Blut, Aas)**
- **Änderungen in vertrauter Umgebung**

- **Überschreiten der individuellen Reizschwelle**
- **Zu groß, zu laut, zu schnell**

# Goldene Käfige mit zwölf Quadratmetern – wie sie heute leben

## Gut zu wissen

**Wild lebende Pferderassen sind im Schnitt nicht größer als rund 150 cm. Auch ehemals größere Rassen schrumpfen beim Leben in freier Wildbahn in wenigen Generationen auf dieses handliche Format. (Zum Vergleich: Die fiktive Grenze zwischen Ponys und Großpferden im Reitsport liegt bei 148 Zentimetern).**

## Die Steppe lebt nicht mehr

Im Gegensatz zu einem legendären Filmtitel heißt es für die Nachkommen der Wildpferde: Die Steppe lebt nicht mehr. Aus ihrem ursprünglichen Lebensraum vertrieben, haben sich die heute noch wild oder halb wild lebenden Pferde biologische Nischenräume zum Überleben gesucht. Ein paar unter Artenschutz stehende Exemplare der Urwildpferde bevölkern noch in den Hochebenen der Mongolei, wo sie um die Jahrhundertwende von Przewalski beobachtet und beschrieben wurden; er gab der Rasse seinen Namen. Im kargen Bergland im Inneren Sardiniens wurde jüngst eine Wildpferdherde entdeckt. Halb wild leben die Nachfahren jener Pferde, die Columbus mit nach Amerika brachte, als Mustangs im Wilden Westen. Die Nachkommen jener Ponys, die einst Wikinger auf die Vulkaninsel Island mitbrachten, streifen heute noch — vor jeder fremden Blutzufuhr streng geschützt — durch das karge Gelände zwischen Feuer und Eis.

Den natürlichen Lebensraum der Pferde gibt es nicht mehr — und unsere heutigen Reitpferderassen sind nur bedingt für das Leben ohne die Obhut des Menschen ausgerüstet.

Den Blick zurück sollte sich indessen kein Pferdehalter durch nostalgische Wehmut trüben lassen: Das ungeschützte Leben in der Wildnis war hart und nicht selten ein Überlebenskampf mit ungewissem Ausgang.

*Islandpferde auf der rauen Vulkaninsel*

## Haltungsformen: Kompromisse aller Art

Die vielen Varianten moderner Pferdehaltung sind allesamt Kompromisse zwischen den natürlichen Bedürfnissen der Pferde und den Ansprüchen ihrer Besitzer, Halter, Pfleger und Reiter. Es liegt auf der Hand, dass naturnahe Haltungsformen (in der Gruppe, mit freiem Auslauf) besonders artgerecht sind. Andererseits erfüllt Einzelhaltung in Boxen eher das Bedürfnis von Reitern nach individueller Versorgung, Fütterung und Bewegung einzelner Pferde. Schließlich geben die finanziellen Mittel und die zur Verfügung stehende Zeit den praktischen Rahmen für jeden Pferdehalter vor.

Auch mit noch so viel gutem Willen kann ein Pferdehalter seinem Pferd keinen hundertprozentig natürlichen Lebensraum zur Verfügung stellen — selbst eine große Weide ist nur ein karger Ersatz für die weitläufige Steppe. Trotzdem gilt für die Pferdeweide: besser groß und karg als klein und reichhaltig.

Die Haltung in einer geschlossenen Box ist gegenüber der ursprünglichen Lebensweise ein weit reichender Eingriff in das Verhalten eines Pferdes. In der Sprache der Pferde spiegelt sich diese Beschränkung auf vielfältige Weise wider.

Trottel!
Hättest du mal rechtzeitig
aufgehört zu wachsen!

*Ein offenes Fenster mindert die Langeweile in der Box.*

49

Pferde in Freiheit sind den ganzen Tag in Bewegung — unsere heutigen Pferde leiden eher unter Bewegungsmangel als unter einem Übermaß an Bewegung. Überforderung entsteht viel öfter dadurch, dass Pferden zu viel Bewegung in zu kurzer Zeit abverlangt wird, wobei ihr Bewegungsapparat und ihre Psyche Schaden nehmen können.

Bewegungsstau äußert sich in vielfältigen Formen der physischen und psychischen Spannung bis hin zu regelrechten Explosionen. Manche Pferde kommen sichtlich geladen aus dem Stall — diese Beobachtung ist so häufig, dass in der Reitersprache ein eigener Begriff dafür existiert, nämlich „Stallmut". Zudem ist Bewegungsmangel neben einseitiger Belastung auch die Ursache Nummer eins für zahlreiche degenerative Erkrankungen unserer heutigen Pferde.

## Antwort in der Pferdesprache
*Die passende Antwort auf dieses weit verbreitete Problem kann es nur sein, Pferden regelmäßig natürliche Bewegung – vor allem längere Strecken im Schritt – zu ermöglichen.*

### Draußen in geregelter Freiheit

Nur das Leben auf der Koppel unter Artgenossen gibt den Pferden die Chance, ihre natürlichen Instinkte zu entfalten und die Spielregeln des Sozialverhaltens — dazu gehört auch die Pferdesprache — zu erlernen. Für das Aufwachsen junger Pferde auf der Weide gibt es keinen Ersatz! Nur in unterschiedlichen Pferdegesellschaft können Pferde die differenzierten Spielregeln des Sozialverhaltens und die Pferdesprache lernen. Jedes Pferd sollte als Fohlen verschiedene Positionen in der jeweiligen Rangordnung kennen lernen. Ein Vierbeiner, der weiß, wie man sich als rangniederes genauso wie als ranghöheres Mitglied in eine Herde einfügt, wird besser mit jedem fremden Pferd zurechtkommen als ein Pferd, das nie unter Gleichaltrigen seine Stärke ausprobieren konnte und Unterlegenheit hinnehmen musste.

Die Spielregeln des Sozialverhaltens sind auch für den Umgang zwischen Mensch und Pferd von entscheidender Bedeutung. Zum Beispiel wird ein junges Pferd, das als Fohlen ausschließlich in Gesellschaft eines rangniederen Beistellponys aufgewachsen ist, vermutlich Menschen nicht auf Anhieb als ranghöheres Lebewesen, salopp ausgedrückt: als Boss akzeptieren.

*Auch Streiten will gelernt sein – für die jungen Friesenhengste ist Raufen an der Tagesordnung.*

Das Leben draußen eignet sich grundsätzlich für alle Pferde, allerdings nicht für jeden Verwendungszweck. Probleme entstehen in der Regel durch Interessenkonflikte zwischen den Bedürfnissen der Pferde und denen ihrer Besitzer und Reiter. Aber auch ältere und alte Pferde lassen sich fast ausnahmslos wieder an ein Weideleben gewöhnen, ganz egal, wie lange sie ausschließlich in Boxen gehalten wurden.

Schließlich ist ein Urlaub auf der Weide eine ideale Möglichkeit zur Regeneration physisch erkrankter oder psychisch gestresster Pferde. Und der stundenweise Aufenthalt auf einer Koppel bietet den besten Ausgleich für die weit verbreitete Haltung in Einzelboxen.

**Gut zu wissen**
Wer Pferde auf der Weide aufmerksam beobachtet, kann auf diese Weise einen Crashkurs zum Thema Pferdesprache absolvieren.

### Tag und Nacht, Sommer und Winter

Reine Weidehaltung ist in den meisten Gegenden — abhängig von Bodenbeschaffenheit und Fläche — nur im Sommer möglich. Die Qualität einer Haltungsform entscheidet sich aber an der Gretchenfrage, wie es mit den Bewegungsmöglichkeiten bei schlechter Witterung (Dauerregen, Frost) steht.

Ideal ist die die ganzjährige Gruppen-Auslaufhaltung. Bei dieser Haltungsform gibt es keine geschlossenen Stalltüren und keine separaten Boxen. Der Stall besteht aus einem zu einer Seite offenen großen Liegebereich, der zugleich Schatten und Witterungsschutz bietet. In separaten Fressständen kann die Gabe von Kraftfutter erfolgen. Die Pferde können einen gemeinschaftlichen (für die Nutzung im Winter befestigen) Auslauf benutzen, wann immer sie wollen. Zusätzlich sollten zumindest während der Weidesaison entsprechende Flächen zur Verfügung stehen.

Wenn die grundsätzliche Verträglichkeit der Pferde gewährleistet und die Rangordnung erst einmal abgeklärt ist, bietet diese Haltungsform den Pferden ein Maximum an artgerechter Unterbringung. Sie danken es durch Gesundheit und Ausgeglichenheit.

Problematisch bei dieser Haltungsform sind individuelle Fütterung, individuelle Bewegung und häufiger Wechsel in der Zusammensetzung der vierbeinigen Stallgemeinschaft. Aber auch dort, wo plausible Gründe gegen die Gruppen-Auslaufhaltung sprechen, gibt es kein überzeugendes Argument dafür, Pferde 23 Stunden am Tag auf zwölf Quadratmetern — das ist die Standardgröße einer Box — einzusperren.

*Befestigter Boden macht den Auslauf wintertauglich.*

### Eines ist allein, zwei sind eine Herde

Weil das Bedürfnis nach Gesellschaft für Pferde elementar ist, versuchen sie bei jeder sich bietenden Gelegenheit, „Herde" zu spielen, so gut es geht. Das gilt für jede Haltungsform und jede Situation, in denen Pferde aufeinander treffen.

*Selbst durch den trennenden Zaun hindurch versuchen die Paddocknachbarn, sich Nase an Nase zu begrüßen.*

Selbst über einen trennenden Zaun hinweg nehmen fremde Pferde sofort miteinander Kontakt auf und kommunizieren per Körpersprache. Wenn direkter Körperkontakt nicht möglich ist, reicht eine Kommunikation auf Sicht. Pferde auf benachbarten Koppeln veranstalten Wettrennen am Zaun entlang, ein bewegungsfreudiges Pferd wird sich vom tobenden Artgenossen auf der Nachbarweide gern anstecken lassen. Wenn Pferde sich allein gelassen fühlen, orientieren sie sich unter Umständen hundertprozentig an jedem anderen Artgenossen in Sichtweite — eine nicht ungefährliche Spielwiese für König Zufall. Denn wer rechnet schon damit, dass sich etwa der bis dahin brav allein auf der Koppel tummelnde Vierbeiner einer vorbeikommenden Pferdegruppe anschließt, freilich erst nach einem rasanten Sprung über den Zaun? Die Grenze zwischen spielerischem Herumtoben und panischem Ernstfall kann schmal sein: Das gilt vor allem dann, wenn ein einzelnes Pferd auf einer Weide, aber auch im Stall zurückbleiben soll, während der oder die Gefährte(n) aus der Sicht verschwinden.

## Gut zu wissen

Zwei Pferdehalter, die planen, ihre beiden Pferde gemeinsam unterzubringen, müssen damit rechnen, dass die Vierbeiner regelrecht aneinander „kleben". Der Versuch, beide Pferde zeitweise zu trennen, kann zu erheblicher Aufregung und Widerstand führen.

## Antwort in der Pferdesprache

*Die für alle Pferde mit Angst besetzte Situation, allein zurückzubleiben, wird aus Pferdesicht anders interpretiert als aus Menschensicht. Allein sein ist für Pferde etwas völlig anderes als allein zurückzubleiben. Wer Konflikte in der Verständigung mit seinem Pferd vermeiden möchte, muss mit solchen Situationen besonders vorsichtig und behutsam umgehen.*

## Das Recht des Stärkeren

Von Menschen zusammengestellte Herden sind unter mehr oder weniger pferdegerechten Gesichtspunkten zusammengewürfelt: gleichaltrige Fohlen, Mutterstuten, zufällig zusammengekommene Bewohner eines Stalles ... Sobald zwei Pferde gemeinsam einen Bewegungsspielraum teilen, setzt unweigerlich das Herdenverhalten ein. Ohne Abklärung der Rangordnung (siehe Seite 26) geht gar nichts. Gegen die spontanen Sympathien und Antipathien der Pferde ist noch kein Kraut gewachsen — als Pferdehalter kann man höchstens auf die Macht der Gewohnheit setzen: Boxennachbarn, Stall- und Weidegenossen gewöhnen sich meist aneinander.

*Herrschsucht ist missglücktes Führertum.*
SPRICHWORT
AUS DEUTSCHLAND

Aber Pferde sind nicht nur treue Freunde, sondern auch hartnäckige Feinde: Da bei der Zusammenstellung von Weidepartnern zunächst ganz andere Gründe im Vordergrund stehen als Vorlieben der Vierbeiner selbst, können intensive Rangordnungsstreitigkeiten nicht nur anfangs auftreten, sondern andauern.

Der idyllische Friede auf der Weide ist leider nicht selbstverständlich: Er muss erst geschlossen werden, manchmal nach deutlichen Kampfhandlungen. Pferde können sich gegenseitig ernst zu nehmende Verletzungen zufügen — vor allem, wenn sie durch intensives Training stärker geworden sind und durch beschlagene Hufe über gefährlichere Waffen verfügen.

## Störfaktor Nummer eins: der Mensch

Jedes Kommen und Gehen eines Pferdes auf der Weide ist ein Störfaktor für die Herde. Es ist oft gar nicht einfach, ein einzelnes Pferd von den Weidegefährten zu trennen. Ein starker Herdentrieb sorgt dafür, dass einzelne Tiere sich nur höchst ungern aus einer Pferdegruppe lösen und nur schwer für jede Form von Arbeit ohne Pferdegesellschaft zu motivieren sind. Erst wenn solche Abläufe durch stete Gewohnheit zum Ritual geworden sind, funktionieren sie reibungslos.

Jedes Herausnehmen eines Tieres aus der Herde ist zugleich ein Eingriff in die Rangordnung. Kritisch ist es zum Beispiel, allein das Leittier aus einer Pferdegruppe zu entfernen. Dann schlägt die große Stunde für die bisherige Nummer zwei in der Hierarchie. Nicht selten kommt es zu Rangeleien bis hin zu Kämpfen mit ernsthaften Verletzungen.

*Wechselnde Besetzung in Paddock und Weide ist immer zugleich ein Eingriff in die Rangordnung.*

*Rossige Stuten in Sichtweite sorgen regelmäßig für Aufregung bei benachbarten Wallachen, auch über Zäune hinweg.*

Die Gruppen-Auslaufhaltung für Pferde, zu Recht als die artgerechteste Form der Haltung propagiert, hat hier ihre schwierige Kehrseite. Wenn Pferde jeweils individuell zu unterschiedlichen Zeiten bewegt werden, sorgt der Mensch selbst immer wieder als Störfaktor für die Herde. Für die üblichen Abläufe in größeren Reitställen und Reitervereinen ist diese Haltungsform daher nur bedingt geeignet. Insbesondere rangniedere Pferde haben unter ständigem Wechsel in der Herdenbesetzung immer wieder zu leiden.

Bei einer großen Fachtagung über Tierschutz und naturnahe Pferdehaltung brachte der Inhaber einer Pferdeklinik das Dilemma der artgerechten Pferdehaltung auf den Punkt: „Wir Tierärzte plädieren in jedem Fall für gemeinschaftliche Koppelhaltung von Pferden. Dann werden wir garantiert nie arbeitslos!"

## Gut zu wissen

**Weidehaltung von Sportpferden erfordert Erfahrung und Fingerspitzengefühl. Dennoch hat es sich als äußerst entspannend für die Psyche auch von Hochleistungspferden erwiesen, ihnen wenigstens stundenweise Koppelgang zu ermöglichen.**

### Antwort in der Pferdesprache
*Kundige Pferdehalter arrangieren die Begegnung zwischen sich fremden Pferden behutsam und respektieren die spontanen Sympathien und Antipathien der Vierbeiner.*

### Goldene Käfige mit zwölf Quadratmetern

Hell, luftig, geräumig, schöne Aussicht... Ja, die nehm ich!

Immo-bilien Meyer

So sehr wir Menschen an den Anblick von Pferden in Boxen gewöhnt sind — aus Pferdesicht sind Unterkünfte hinter Mauern, Trennwänden und Gittern entbehrlich. Schutz vor scharfem Wind und heftigen Niederschlägen, vor praller Sonne und aufdringlichen Insekten wissen sie zu schätzen. Ein trockener Liegeplatz, ein ständiges Wasserangebot und regelmäßige Fütterung sind ein Luxus, den sie gern in Anspruch nehmen. Aber verschlossene Türen müssten aus Pferdesicht nicht sein, im Gegenteil. Dass sich domestizierte Pferde seit Jahrhunderten an die Stallhaltung gewöhnt haben, spricht für ihre überragende Anpassungsfähigkeit, aber nicht gegen ihre Bedürfnisse.

Ställe dienen in erster Linie den Bedürfnissen von Reitern. Sie wünschen sich ihre Pferde sicher untergebracht, zu jeder Zeit unabhängig von Tageslicht und Witterung verfügbar, individuell zu pflegen und zu trainieren. Ohne die Infrastruktur eines gut organisierten Stalles, in dem alle Abläufe des täglichen Umgangs mit dem Pferd von Fütterung bis Pflege, von Bewegung bis Versorgung nach dem Reiten fachgerecht und vor allem Zeit sparend durchgeführt werden können, wäre für viele Pferdebesitzer der Traum vom eigenen Pferd allein aus Zeitgründen nicht zu realisieren. Training für den Leistungssport in vielen Disziplinen lässt sich aus organisatorischen Gründen kaum mit einer reinen Auslaufhaltung von Pferden vereinbaren.

Aber die noch so berechtigten Wünsche der Reiter sollten nicht als Vorwand dafür dienen dürfen, die Bedürfnisse der Pferde sträflich zu missachten. Schließlich liegt es im Bereich des Möglichen, Ställe so zu gestalten, dass sie den artspezifischen Verhaltensweisen der Pferde möglichst gut entsprechen. Bei vielen Abläufen im Stall lassen sich ebenfalls natürliche Bedürfnisse respektieren.

## Lauftiere hinter Gittern

Die wichtigsten Ansprüche eines Pferdes an seine Unterbringung heißen: Platz, Licht, Luft und Kontakt zu Artgenossen. Je besser diese Kriterien erfüllt sind, desto artgerechter ist die Box. Während die Bedeutung einer genügend großen, gut belüfteten und mit einer passenden Einstreu versehenen Box sich in Reiterkreisen weitgehend herumgesprochen hat, ist es mit dem Angebot an Licht oft sehr schlecht bestellt. Dabei sind Pferde in vielen biologischen Mechanismen vom Licht abhängig.

Ideal aus der Perspektive eines Pferdes ist eine Außenbox, aus der es herausschauen und seine Umgebung beobachten kann. Schließlich verfügt es über eine ausgesprochene scharfe Sinneswahrnehmung, die viel zu selten gefordert wird. Pferde, die an ihrer Umgebung aufmerksam teilnehmen können, sind weniger schreckhaft und seltener anfällig für Unarten im Stall.

*Pferde brauchen
Licht und Luft.*

Ideal für die Verarbeitung von Umweltreizen ist es, wenn den Pferden regelmäßig ein Aufenthalt in einem Auslauf, in der Fachsprache Paddock, angeboten werden kann. Haben die Tiere genügend sonstige Bewegung, kann dieser Auslauf ruhig einen befestigten Untergrund haben. Dann ist er auch im Winterhalbjahr brauchbar. Angst um die Pferdebeine braucht man nicht zu haben: Pferde mit ausreichendem, ausgeglichenen Bewegungsangebot toben nicht grundlos herum.

### Ein sicherer Ort

Pferde als Herdentiere brauchen ständigen Sozialkontakt zu Artgenossen, um sich wohl zu fühlen. Boxen sollten diesem Bedürfnis, so weit es geht, Rechnung tragen. Pferde müssen sich wenigstens durch ein Gitter hindurch sehen und beschnuppern können. Bei verträglichen Pferdenachbarn ist es durchaus vertretbar, ihnen über halb hohe Trennwände hinweg mehr Körperkontakt zu ermöglichen — hier muss im Einzelfall ein Kompromiss zwischen dem Ruhe- und Rückzugsbedürfnis der Pferde und ihrem Wunsch nach Nähe und Körperkontakt gefunden werden. Für geschlossene Zwischenwände ohne Sichtkontakt zwischen zwei Pferdeboxen gibt es kein Argument.

Andererseits ist eine Box auch ein sicherer Ort für ein Fluchttier — ein ungewohnter, aber oft gerne angenommener Luxus. Hier kann es entspannt dösen und ruhen, hat keine Nahrungskonkurrenten und keine möglichen Bedrohungen zu fürchten; auch rangniedere Tiere sind geschützt vor Attacken aller Art. Hier findet es Schutz vor extremer Witterung, vor Niederschlägen, praller Sonne, Hitze und allzu aufdringlichen Insekten. Wenn man ihnen die Wahl lässt, suchen Pferde oft auch außerhalb der Futterzeiten freiwillig ihre Boxen auf.
Da sie nur im Schlaf wachsen, brauchen vor allem Fohlen und junge Pferde genügend Zeit zum geschützten Ruhen.

#### Endlich ausschlafen!

*Eine Pferdebesitzerin brachte ihren jungen Hengst zur Ausbildung in einen Dressurstall, bestand aber auf Auslaufhaltung für das Pferd. Er blieb Tag und Nacht auf einer Koppel in Sichtweite von anderen Pferden. Nach einigen Wochen wurde dem Pferd wegen einer Verletzung Boxenruhe verordnet. Die Besitzerin fürchtete, dass der Hengst eingesperrt in einer Box schnell Unruhe zeigen und zu toben anfangen könnte.*
*Weit gefehlt. Die ersten drei Tage und Nächte verbrachte das Pferd damit, endlich einmal auszuschlafen.*

Schützende Wände und Gitter bieten Pferden die Chance, sich vor äußerer Bedrohung sicher zu fühlen. Es wird ihnen keine ständige Fluchtbereitschaft abgefordert. Sie können ungestraft abschalten und ungestört regenerieren — was sie mit Gelassenheit danken.
In manchen Vollblutställen ist es üblich, die entspannte und vertraute Atmosphäre in der Box zu nutzen, um junge Pferde an alle neuen Herausforderungen zu gewöhnen. In der Box wird nicht nur zum ersten Mal angebunden und geputzt, sondern auch beschlagen, gesattelt und sogar aufgesessen. Experimente in der Box können freilich ins Auge gehen: Sobald die Fluchtbereitschaft eines Pferdes angestachelt wird, reizt die Enge der Box zu extremer Gegenwehr. Die Verletzungsgefahr für alle beteiligten Menschen ist groß.

*Das mögen Pferde: Licht, Luft und Kontakt zu Artgenossen.*

*Habachtstellung*

*Ein Vater, der für seine Tochter ein junges Auktionspferd ersteigerte, war von der ersten Begegnung mit dem Dreijährigen fasziniert: Sobald er die Boxentür geöffnet hatte, präsentierte sich das Pferd mit aufgewölbtem Hals an der hinteren Boxenwand. Seine Tochter war allerdings eher befremdet, als das Pferd auch in seinem neuen Stall jedes Mal zur hinteren Wand sprang und sich dort aufstellte, sobald sie den Türriegel öffnete. Sie erwartete eigentlich ein Pferd, das sich ihr freundlich und zutraulich näherte. Aber selbst mit Lockfutter in der Hand konnte sie ihr neues Pferd nicht von seiner merkwürdigen Gewohnheit abbringen.*

*Erst ein Gespräch mit ihrem Ausbilder löste das Rätsel. Er hatte beobachtet, dass die Auktionspferde so lange mit hocherhobenen Gerten in ihren Boxen in die Enge getrieben wurden (drastische Strafen inbegriffen), bis sie sich bei jedem Öffnen der Tür für die potenziellen Kunden in Positur stellten.*

*Aber welcher Reiter wünscht sich schon ein Pferd, das ihm bei jedem ersten Kontakt nicht freundliche Gelassenheit, sondern ängstliche Erregung entgegenbringt?*

## Antwort in der Pferdesprache
**Eine Box sollte auf keinen Fall ihren Charakter als Zufluchtsort und Ruheplatz für ein Pferd verlieren.**

### Boxenpflege

Pferde legen sich freiwillig nicht in ihren eigenen Mist. Wenn sie in einer genügend großen Box leben, trennen sie ihren Schlafplatz vom Kotablageplatz. Das regelmäßige Entfernen der Pferdeäppel — nicht nur aus der Box, sondern auch aus Paddock, Gemeinschaftsauslauf und von viel frequentierten Koppeln — sollte daher nicht nur aus Hygienegründen eine Selbstverständlichkeit sein.

Eine Einstreu, die zugleich fressbar ist, kommt dem Instinkt der Pferde nach nahezu beständiger Nahrungsaufnahme entgegen. Das Knabbern im Stroh, die beständige Suche nach einem verwertbaren Hälmchen, bietet eingesperrten Tieren Beschäftigungsanreiz. Wenn dieser fehlt, verschaffen sich Pferde gelegentlich Beschäftigungen, die ihren Besitzern weniger behagen.

Allerdings sind bei der Wahl der Einstreu heutzutage viele verschiedene Faktoren zu berücksichtigen: Gesundheitsaspekte für die Pferde, Arbeitsaufwand, Entsorgung und Preis. Wenn Pferde nicht auf Stroh stehen, sollte man dafür sorgen, dass ihnen trotzdem ein regelmäßiges Knabberangebot zur Verfügung steht.

*So ein kleiner Leckerbissen käme jetzt gerade recht!*

### Wälze sich, wer kann

Zur natürlichen Fellpflege der Pferde gehört das Wälzen. Da es in vielen Reithallen aus Sorge um ein sicheres Geläuf verpönt ist, die Pferde nach getaner Arbeit sich wälzen zu lassen, bleibt den Vierbeinern nur noch die Box. Sie wälzen sich regelmäßig und genüsslich — nicht nur, wenn sie geschwitzt haben, sondern auch, wenn ihnen zum Beispiel eine frische Einstreu besonders verlockend erscheint. Für ein nasses Pferd ersetzt das Wälzen ein fehlendes Rubbel-Handtuch. Im Prinzip kann es ein Reiter nur begrüßen, wenn ein Pferd selbständig dafür sorgt, dass es möglichst schnell abtrocknet. Aber Wälzen in der Box ist nicht ungefährlich. Um zu verhindern, dass Pferde sich beim Wälzen festlegen, also mit den Beinen so dicht an die Boxenwand geraten, dass sie aus eigener Kraft nicht aufstehen können, sollte die Einstreu immer muldenförmig mit erhöhtem Rand und nicht etwa wie ein Hügel angelegt werden.

> ### Antwort in der Pferdesprache
> *Als Kompromiss kann man Pferden anbieten, sich nach getaner Arbeit im Auslauf oder auf der Koppel zu wälzen. Wenn keine Möglichkeit zur freien Bewegung besteht, kann man sie auch an Wälzen an der Hand gewöhnen.*

*Wälze sich, wer kann: Am Gesichtsausdruck lässt sich ablesen, wie sehr das Pony sein Staubbad genießt.*

### Frischkost bevorzugt

Mit Rücksicht auf ihren empfindlichen Magen, der aus anatomischer Sicht eine echte Schwachstelle darstellt, hüten sich Pferde in der Regel davor, fremd riechendes oder gar verdorbenes Futter anzurühren. Daher erfordert es oft Geduld und Phantasie, ihnen eine fremde Krippe, eine neue Futtersorte oder gar ein Medikament schmackhaft zu machen.
Pferde sind ebenfalls besonders wählerisch in Sachen Wasser; sie verweigern hartnäckig abgestandenes oder verschmutztes Wasser, genauso wie ein nagelneuer Eimer mit starkem Eigengeruch auf heftige Abneigung stoßen kann.

> ### Antwort in der Pferdesprache
> *Peinliche Sauberkeit beim Umgang mit Futter und Wasser einschließlich der regelmäßigen Reinigung von Futterkrippe und Tränke sollten für Pferdefreunde eine Selbstverständlichkeit sein.*

### Aber bitte pünktlich!

Pferde als Gewohnheitstiere verfügen über eine leistungsfähige innere Uhr. Sie erwarten regelmäßige Fütterung. Wie in freier Wildbahn verbringen Pferde instinktiv so viel Zeit wie möglich mit Nahrungsaufnahme. Die Verteilung des Futters auf möglichst viele Mahlzeiten kostet zwar Zeit und Arbeit, ist aber eine höchst pferdegerechte Entscheidung. Zudem haben Untersuchungen gezeigt, dass regelmäßige Fütterung besser anschlägt.

Wenn ihnen ein freies Futterangebot zur Verfügung steht, fressen Pferde durchaus mehr als ihrer Gesundheit zuträglich ist. Das gilt nicht nur für Kraftfutter, sondern auch für ein überreiches Angebot an frischem Gras.

### Vorsicht, Futterneid

Das Recht des Stärkeren gilt für Pferde eindeutig in der Frage, wem das beste, begehrteste, meiste Futter zusteht. Dafür zu sorgen, dass jedes Pferd genau die ihm zugedachte passende Futterration — nicht weniger, aber auch nicht mehr — erhält, ist bei einer Einzelhaltung nur eine Frage der fachgerechten Gestaltung von Futterrationen. In jeder Auslaufhaltung regeln die Pferde das Verteilen des Futters untereinander nach dem Prinzip der Rangordnung. Ranghöhere Tiere haben selbstverständlich Vorrang an den begehrtesten Futterplätzen, am Wasser, bei der Heufütterung oder beim ganz besonders begehrten und daher auch umkämpften Kraftfutter.

Ranghöhere Tiere vertreiben ihre Konkurrenten nicht nur vom Futter, sondern möglicherweise auch vom Wasser. Jede Wasserstelle auf einer Koppel sollte daher möglichst von mehreren Seiten frei zugänglich sein.

*Genug Platz für alle – dennoch ist das friedliche Nebeneinander am Wasser keine Selbstverständlichkeit.*

## Antwort in der Pferdesprache
*Die passende Antwort auf futterneidisches Verhalten kann nur darin bestehen, mögliche Auslöser (Konkurrenz zum Boxennachbarn durch räumliche Enge, vorrangiges Füttern des rangniederen Artgenossen) zu vermeiden.*

Wer sich als Fußgänger in einer Pferdeherde — zum Beispiel auf einer Koppel — bewegt, muss die natürliche Rangordnung der Pferde respektieren, wenn er nicht selbst in Rangordnungsstreitigkeiten verwickelt werden will. Gefährlich kann der Versuch werden, einem rangniederen Tier besondere Zuwendung oder Leckerbissen zukommen zu lasse

### Jedem das seine (Futter)

Wer mehrere Pferde in einer Auslaufhaltung zufüttert, braucht voneinander entfernt liegende Futterplätze oder getrennte Futterstände, damit auch die schwächeren Tiere zu ihrem Recht kommen. Wer eine individuelle Fütterung mit Kraftfutter sicherstellen will, dem bleibt nichts anderes übrig, als die Tiere beim Fressen strikt zu trennen. In manchen Gestüten — zum Beispiel staatlichen Hengstaufzuchtstationen — werden die Jungpferde zum Füttern stets einzeln angebunden. So wird gleichzeitig ein Gewöhnungs- und Gehorsamstraining absolviert, belohnt mit dem begehrten Futter.

Das Problem der individuellen Fütterung lässt sich hochmodern mit Hilfe von programmierten Futterautomaten lösen, die auf ein elektronisches Signal reagieren, das vom jeweiligen Pferd ausgesendet wird.

Allerdings geht durch die automatische Fütterung auch ein Stück des so wichtigen Kontakts zum Pferde verloren, nicht zuletzt auch der Blick des erfahrenen Pferdehalters, der bei dieser Gelegenheit das Verhalten, den Futterzustand und mögliche Krankheitsanzeichen prüfen kann.

*Das Auge des Herrn füttert das Pferd.*
ALTE REITERWEISHEIT

## Antwort in der Pferdesprache

*Auch in Ställen mit Selbstversorgung sollte mit Rücksicht auf die Vierbeiner die Fütterung aller Pferde stets gleichzeitig und nach einem festen Schema (Futterzeiten, Reihenfolge) organisiert werden.*

Auch wenn viele Pferdebesitzer ihrem vierbeinigen Liebling gerne eine besondere Belohnung zukommen lassen — es zeugt von wenig echter Pferdeliebe, durch auffälliges Füttern des eigenen Pferdes Unruhe in den Nachbarboxen aufkommen zu lassen. Deswegen sollte es in jedem Stall feste Regeln für das Verteilen von Belohnungsfutter geben.

### Unarten im Stall

Jeder Pferdehalter träumt von einem Stall, in dem zufrieden vor sich hin knabbernde oder entspannt dösende Pferde stehen. Die Wirklichkeit sieht oft anders aus. Je nach Temperament und Charakter, nach Zufriedenheit in der täglichen Arbeit und Fähigkeit zur Entspannung geraten Pferde im Stall unter nervöse Spannung der unterschiedlichsten Art oder gewöhnen sich aus Langeweile Unarten an. Bei extremem Bewegungsmangel, aber auch bei hoher Unzufriedenheit mit der täglichen Arbeit kann es vorkommen, dass sie ihrem Übermut oder Frust in der Box durch unkontrolliertes Herumtoben und Ausschlagen Luft machen. Die Gefahr der Selbstverletzung ist bei solchen Explosionen extrem hoch.

Andere Tiere reagieren auf das Eingesperrtsein mit monotonen, stereotypen Bewegungen: Sie laufen stundenlang im Kreis, wetzen ihre Zähne an Krippen oder Gittern, scharren beständig ohne die direkte Erwartung von Aufmerksamkeit oder Futtergabe und knabbern auch ohne Nährstoffmangel an allem, was nicht niet- und nagelfest ist.

> **Gut zu wissen**
>
> **Ranghohe Tiere verdrängen Konkurrenten nicht nur vom Futter, sondern versperren ihnen möglicherweise auch den Weg zur Wasserstelle. Das Wasser auf der Weide sollte daher gut zugänglich sein.**

*Entspanntes Grasen in netter Pferdegesellschaft ist Balsam für die Pferdepsyche – selbst wenn es nur an der Hand geboten werden kann.*

### Koppen und Weben

Die am meisten gefürchteten Unarten im Stall sind Koppen und Weben. Beim Koppen schlucken Pferde regelmäßig Luft durch die Speiseröhre in den Magen. Dadurch besteht eine erhöhte Gefahr von Koliken. Manche Pferde setzen zum Koppen die vorderen Schneidezähne auf einen Gegenhalt in passender Höhe (Krippe, Zaunpfahl) auf, andere beherrschen das Luftschlucken frei. Unter Pferdeleuten grassiert die Überzeugung, dass die Pferde sich das Koppen voneinander abschauen; wissenschaftliche Belege für diese These gibt es allerdings nicht.

Mit „Weben" wird das beständige Schaukeln von einem Vorderbein auf das andere bezeichnet; man kann diese triste monotone Bewegung auch bei Wildtieren in Gefangenschaft beobachten. Nach heutigem Stand der Forschung geht dem Weben ein traumatisches Erlebnis voraus; abgewöhnen kann man es Pferden nicht. Das gilt im Großen und Ganzen für alle hier aufgeführten Unarten.

Abhilfe schaffen kann nur eine radikale Änderung des individuellen Haltungs- und Bewegungskonzeptes. Pferde in Auslaufhaltung koppen weniger; Weben hat Seltenheitswert. Auch die anderen Unarten wie Scharren und Zähnewetzen sind bei genügend Auslauf kaum zu beobachten.

> ### Antwort in der Pferdesprache
> *Alle Unarten im Stall entstehen durch ein nicht passendes Haltungs- und Bewegungskonzept. Hier gilt es Abhilfe zu schaffen – auch wenn es mit erhöhtem Aufwand an Zeit und/oder Kosten verbunden ist.*

## Raus aus dem Boxenalltag

Wenn Pferde physisch und psychisch gesund bleiben sollen, brauchen sie ein ausgewogenes Angebot an gesicherter Ordnung und interessanter Abwechslung, an Ruhe und Bewegung, an Arbeit und Möglichkeit zur Regeneration. Die heutigen Pferderassen sind — zum Teil über Jahrhunderte — auf eine spezielle Leistung hin gezüchtet worden. Viele Pferde stellen geradezu mit Begeisterung ihr Leistungsvermögen unter Beweis. Aber auch ein noch so großes sportliches Talent darf kein Freibrief dafür sein, die natürlichen Bedürfnisse eines Pferdes zu ignorieren.

Wer lange Freude an seinem Pferd haben möchte, muss das richtige Maß aller Anforderungen finden. Eines ist klar: Einen monotonen, über Jahre immer gleichen Alltag sucht sich kein Pferd freiwillig! Auch Pferde brauchen Abwechslung und neue Erfahrungen. Ein ausgeglichenes Haltungs- und Bewegungskonzept ist der Schlüssel für Gesundheit und Langlebigkeit eines Pferdes.

*Zwei ganz verschiedene Dinge behagen uns gleichermaßen: die Gewohnheit und das Neue*
JEAN DE LA BURYÈRE

- **So viel Platz wie möglich**
- **So viel Bewegungsspielraum wie möglich**
- **Licht und Luft**
- **Gelegenheit zum Wälzen**
- **Bekannte Pferdegesellschaft mit ausgeglichener Rangordnung**
- **Regelmäßiges, ausreichendes Futterangebot**
- **Frisches, sauberes Wasser**
- **Regelmäßiges, passendes Bewegungsangebot**
- **Vertraute Pferdegesellschaft**

- **Kleine Box**
- **Dunkelheit**
- **Monotone Tagesabläufe**
- **Zu wenig Bewegung**
- **Ungenügender Sozialkontakt (nur Sicht-, kein Körperkontakt)**
- **Fresskonkurrenten zu dicht**
- **Ständige Bedrängnis durch ranghöhere Pferde**
- **Mangelnde Rückzugsmöglichkeiten**
- **Dauernd wechselnde Pferdegesellschaft**

- **Einzelhaft**
- **Allein im Stall oder auf der Weide zurückbleiben**

# Das Erbe ihrer wilden Vorfahren – wenn sie sich an früher erinnern

### Die Angst im Nacken

Auch wenn die natürlichen Feinde unserer heutigen Pferde hierzulande ausgestorben sind — die Angst vor ihnen sitzt ihnen buchstäblich noch im Nacken. Sie äußert sich im Scheuen — so heißt in der Reitersprache das konsequente Meiden aller Gegenstände, Geräusche oder Gerüche, die ihnen bedrohlich erscheinen. Die Reaktionszeit von der Wahrnehmung bis zur Flucht ist kurz — meist schneller als menschliche Reaktionszeiten.

Scheuen ist die Hauptursache aller Unfälle im Umgang mit dem Pferd, bringt aber auch Reiter im Sattel immer wieder in Gefahr. Der Erfolg einer krisenfesten Kommunikation zwischen Mensch und Pferd hängt nicht zuletzt davon ab, wie es gelingt, mit der instinktiven Angst der Pferde umzugehen.

Ihre natürlichen „Feindbilder" haben auch unsere heutigen vierbeinigen Sport- und Freizeitpartner genetisch gespeichert, selbst wenn sie nie in ihrem Leben mit einer entsprechenden Bedrohung in Berührung gekommen sind. Pferde reagieren mit großer Angst bis regelrechter Panik auf Bedrohungen und scheinbare Angriffe direkt von hinten und von oben — ein Tribut an das frühere Leben unter Raubtieren. Wer zum Beispiel einen oben an der Wand aufgehängten Besen in der Nähe eines Pferdes mit Schwung herunternimmt, wird möglicherweise auf höchstes Misstrauen stoßen. Greift man dagegen zu einem Besen, der nur an die Wand gelehnt ist, wird ein mit Abläufen im Stall vertrautes Pferd vermutlich gelassen reagieren.

Die angeborene Angst vor der Gefahr im Nacken kann sogar so weit gehen, dass der Anblick einer Pferdesilhouette mit einem nicht sofort als Menschen zu erkennenden Objekt auf dem Rücken ein Pferd ängstigt.

### *Gefahr auf dem Pferderücken*

*Zwei erfahrene Schulpferde gingen gleichzeitig auf zwei benachbarten Zirkeln an der Longe im Unterricht für Anfänger. Eine der beiden Reitschülerinnen absolvierte einige Aufwärm- und Lösungsübungen im Schritt. Unter anderem beugte sie sich vornüber auf dem Pferdehals und umfasste ihn mit beiden Armen. Das andere Pferd, eine ansonsten äußerst geduldige und gelassene Stute, stoppte abrupt und begann aufgeregt zu schnauben. Die ungewohnte Silhouette auf dem Rücken eines anderen Pferdes war ihr in höchstem Maß suspekt.*

## Der Umriss entscheidet

Die „Silhouetten-Sicht" ist typisch für die schnelle Wahrnehmung von Pferden. Sie erkennen sich gegenseitig schon von weitem am typischen Umriss und irren sich dabei selten — aber es kommt vor, dass sie sich von typischen, auffallenden Körpermerkmalen aus der Entfernung täuschen lassen.

Im Gelände kann die Silhouetten-Sicht besonders dann täuschen, wenn die Pferde einen Umriss nur mit einem Auge, das heißt unscharf wahrnehmen. Eine Angst besetzte Silhouette ist die eines kauernden Raubtieres auf der Lauer. Selbst ein im Liegen wiederkäuendes, bei Annäherung langsam aufstehendes Schaf taugt — wenn auch in Zeitlupe — zum möglichen Feindbild. Auch ein unter einem Regenschirm verborgener Mensch ist für viele Pferde ein unbekanntes Lebewesen und damit höchst suspekt.

### *Raubtier in Sicht*

*Eine sehr brave und menschenbezogene junge Stute bewies in der Ausbildung ein hohes Vertrauen zum Menschen und Bereitschaft zur Mitarbeit. Gelegentlich zeigte sie allerdings ohne jede Vorwarnung heftige Instinktreaktionen, vermutlich ein Tribut an ihre Abstammung von einem Dülmener Wildhengst. Bei einem Ausritt sprang sie aus dem Trab plötzlich scheinbar grundlos zur Seite und flüchtete anschließend in hohem Galopptempo. Keines der anderen Pferde in der Gruppe hatte offensichtlich irgendeinen Anlass zur Flucht wahrgenommen. Erst eine Umkehr an den Ort des ursprünglichen Scheuens löste das Rätsel: Das Pferd hatte seitlich einen abzweigenden Waldweg wahrgenommen, dessen Eingang von einem großen Findling verstellt war. Der Umriss des Steines konnte – mit viel Phantasie – als auf der Lauer liegendes Raubtier gedeutet werden. Die Stute hatte den bedrohlichen Stein nur im Vorbeitraben mit einem Auge im unscharfen Sichtbereich gesehen. Erst bei näherer Besichtigung verlor das unheimliche Objekt für sie seinen bedrohlichen Charakter.*

## Gut zu wissen

**Wenn es (etwa für Säuberungs- und Reparaturarbeiten) nötig ist, in Pferdenähe auf eine Leiter zu steigen, sollte man vorsichtshalber einen Sicherheitsabstand einhalten und mit möglichen heftigen Angstreaktionen rechnen.**

*Abenteuer finden nicht im Kopf, sondern völlig kopflos statt.*
KARL PETER SCHMIDT

## Antwort in der Pferdesprache

*Unscharfe Sicht auf möglicherweise bedrohliche Objekte verunsichert Pferde. Es ist ein Gebot der Fairness, dem Pferd die Chance zu geben, den Furcht einflößenden Gegenstand mit beiden Augen zugleich wahrzunehmen.*

### Gut zu wissen

**Krabbelnde Kleinkinder werden von manchen Pferden ebenfalls unter der Kategorie „gefährliche Vierbeiner" eingeordnet. An spielende Kinder in Sichtweite sollte man Pferde vorsichtig gewöhnen.**

Eine Variante der Silhouetten-Sicht ist die Angst vieler Pferde vor dem Wasserschlauch. Die Ähnlichkeit mit einer Schlange — ebenfalls ein natürlicher Feind — ist für manche Pferde offenkundig. So scheint ein Stück Schlauch am Boden, vor allem, wenn es sich in Richtung auf die Hufe zu bewegt, in Pferdeaugen generell viel bedrohlicher zu sein als das Schlauchende in der Hand des Pflegers. Misstrauen gegenüber der Prozedur des Abspritzens selbst gehört eher in den Bereich der Vorsicht vor Wasser, von der in diesem Kapitel noch die Rede sein wird.

Die eingefleischte Angst vor dem unbekannten Vierfüßler lässt vor allem unerfahrene junge Pferde auch dann fliehen, wenn man sich ihnen auf allen Vieren nähert. Wenn man ihnen auf Händen und Füßen entgegenkommt, kann man eine ganze neugierig näher kommende Pferdeherde in die Flucht schlagen.

*Es sieht so selbstverständlich aus: Pferd, Hund und Frauchen*

### Hunde sind Raubtiere

Pferdefreunde sind oft auch Hundefreunde. Der Traum vom unbeschwerten Ausritt in freier Natur, begleitet vom treuen vierbeinigen Freund, geistert durch viele Köpfe. Wer Pferde und Hunde aneinander gewöhnen möchte, sollte sich allerdings in Erinnerung rufen, dass im Rudel jagende Wölfe und Hyänen zu den Urfeinden der Pferde gehörten. Besondere Vorsicht ist geboten, wenn man Hunderassen mit starkem Beute- und Jagdinstinkt mit Pferden zusammenbringt. Hunde und Pferde sprechen nicht die gleiche (Bewegungs-)sprache: Das kann zu heftigen Missverständnissen führen.

Ein Beispiel dafür ist das Fressverhalten: Wie sehr sich die Fleischfresser von der instinktiven beständigen Nahrungssuche der großen Grasfresser beeinflussen lassen, kann man im Pferdestall beobachten. Hunde machen hier den Pferden oft trockenes Brot oder Möhren streitig — ein Futterangebot, das sie in den heimischen vier Wänden verschmähen.

Selbst wenn sich viele Pferde und Hunde sehr gut aneinander gewöhnen lassen, bleibt ein Restrisiko. Der Beutetrieb der Hunde und der Fluchtinstinkt der Pferde können sich aufs Unglücklichste ergänzen — mit fatalen Folgen. Jagende, hetzende Hunde können Pferde in panische Flucht treiben. Andererseits kann ein Pferd mit einem gezielten Tritt — womöglich mit einem beschlagenen Huf — einen Hund schwer verletzen oder töten.

Letzteres muss noch nicht einmal Absicht sein: Wenn verspielte Welpen beispielsweise an Pferdebeinen hochspringen oder sich direkt von hinten nähern, sind instinktive Abwehrreaktionen ziemlich wahrscheinlich.

*Vierbeinige Freunde*

### Verlockende Beute in Sicht

*Ein Pferdebesitzer pflegte – wie viele andere auch – seinen Hund regelmäßig mit in den Reitstall zu bringen. Pferd und Hund waren aneinander gewöhnt. Der Hund hatte zudem gelernt, sich grundsätzlich von den Pferdebeinen fern zu halten und war mehr an den interessanten Gerüchen ringsum als an den großen Tieren interessiert. Daneben wusste der Hund ganz genau, dass die Reithalle für ihn tabu war; allerdings respektierte er dieses Verbot nicht ganz zuverlässig. Einmal longierte sein Herrchen ein übermütiges Pferd, der Hund konnte dem verlockenden Schauspiel nicht widerstehen, schlich sich in die Bahn und schnappte nach der Peitschenschnur. Das Pferd, das den Vierbeiner auf seine Hinterbeine zurasen sah, geriet in Panik und stürmte unkontrolliert los. Nun erwachte auch der Beutetrieb des Hundes. Er ließ die Peitsche sein, verfolgte das Pferd und versuchte – zum Glück erfolglos – sich in den Hinterfesseln zu verbeißen: Der lange, wehende Schweif des Pferdes war dem Hund im Weg. Es dauerte Minuten, bis es dem Longenführer gelang, den Hund zurückzurufen und das Pferd wieder durchzuparieren.*

*Nicht immer ist die Harmonie zwischen Pferd, Hund und Reiterin so perfekt! (Fürs Foto wurde ausnahmsweise auf einen Reithelm verzichtet.)*

### Zu schnell

Generell verdächtig ist Pferden alles, was sich schnell und unvorhergesehen bewegt. Sie erschrecken vielleicht vor einem fliegenden Ball, einem aufspringenden Hasen, plötzlich wegrennenden Kindern, einer wehenden Plastiktüte oder flatternder Wäsche auf der Leine. Selbst ein weißes Blatt Papier, in der Hand geschwenkt, kann als Bedrohung aufgefasst werden. Bei rasch näher kommenden Fahrzeugen treffen eine schnelle Annäherung und ein bedrohliches Geräusch zusammen — Grund genug für jeden Reiter, sein Pferd an sämtliche Fahrzeuge systematisch zu gewöhnen.

### Aus freien Stücken springen?

Ihr Instinkt rät Pferden, keine überflüssigen Energien zu verschwenden und keine vermeidbaren Risiken einzugehen. Daher wird ein Pferd einem festen Hindernis eher ausweichen, als es im Sprung zu überwinden. Springen bleibt schneller Flucht vorbehalten, wenn der Umweg zu viel wertvolle Zeit kosten würde.

Der Journalist Horst Stern hat diese Tatsache in seinem Buch „Beobachtungen über Pferde" zum Anlass genommen, den gesamten Springsport als pferdewidrig abzutun. Vermutlich hat er nie beobachten können, dass Pferde freiwillig springen, wenn sie sich einen Vorteil davon versprechen: So springen ranghohe Tiere ohne Zögern auf erhöhte Positionen im Gelände, um von dort aus einen besseren Rundumblick zu haben. Auch das bessere Futter oder die attraktive Gesellschaft auf der Nachbarkoppel kann ein Pferd dazu animieren, einen Zaun freiwillig zu überspringen.

*Ein kleiner Frechdachs benutzt seine Mutter als lebendes Hindernis*

Die Fähigkeit, einen Reiter über Hindernisse zu tragen, ist eines der wichtigsten Zuchtziele der modernen Pferdezucht. Tatsächlich lässt sich beobachten, dass manche Pferde — haben sie das Springen erst einmal gelernt — Freude an dieser kraftvollen Bewegungsform entwickeln.

Angst haben
wir alle. Der
Unterschied heißt:
Wovor?
FRANK THIEß

## Antwort in der Pferdesprache

*Pferde müssen in Ruhe lernen, dass Springen nicht zwangsläufig mit Aufregung und Flucht verbunden ist. Dennoch sollten Hindernisse am Anfang der Ausbildung so aufgebaut werden, dass sie dem Pferd unausweichlich erscheinen: deutlich sichtbar seitlich eingerahmt. Mit der klaren Botschaft für das Pferd: „Hier gibt es keinen Aus- oder Umweg" können Pferde viel besser umgehen als mit der Anfrage: „Möchtest du vielleicht über diesen Sprung springen?"*

### Auf unsicherem Boden

Fluchttiere tun alles dafür, auf ihren vier Beinen zu bleiben. Ein stolperndes, strauchelndes Pferd wird sich mit aller Kraft bemühen, einen Sturz zu vermeiden. Dazu gehört auch, sich nicht auf unsicheres Terrain zu begeben: Sumpf unter den Hufen gehört zu den Albträumen aus Pferdesicht. Während manche Vierbeiner sich allerdings damit begnügen, Pfützen aus dem Weg zu gehen, betrachten andere jede Veränderung auf dem Boden mit Misstrauen. Lichtflecken, Schatten, Spurrillen, Veränderungen des Bodenbelages, glitzernde Nässe, stehende Pfützen — das alles ist „bodenscheuen" Pferden ein Graus. Sie versuchen, den unsicheren Boden auf irgendeine Weise zu umgehen: Manchmal reicht es, einen Bogen um die verdächtige Stelle zu machen, in anderen Fällen ziehen sie die Notbremse oder springen darüber. Beim Reiten unter freiem Himmel bei Sonne kann es vorkommen, dass der eigene oder fremde Körperschatten den Weg eines Pferdes kreuzt. So mancher scheinbar unerklärliche Luftsprung ist eigentlich ein Sprung über den Schatten — nicht nur den eigenen.

Wie sehr Pferde auf ihren Schatten reagieren, wusste man schon in der Antike. Der Legende nach bekam Alexander der Große von seinem Vater Philipp (auf Deutsch „Pferdefreund") ein

**Achtung Graben!**

besonders wertvolles Pferd geschenkt, weil er als Einziger beobachtet hatte, dass das aufgeregte Tier vor seinem eigenen Schatten gescheut hatte. Den Hengst Bukephalos ritt Alexander auf diversen Eroberungszügen. Als das Pferd starb, ließ er ihn fürstlich begraben und nannte eine Stadt nach ihm.

## Antwort in der Pferdesprache

*Bodenscheu ist eine aus Reitersicht ausgesprochen lästige Eigenschaft. Wie bei allem instinktiven Verhalten der Pferde gilt aber auch hier: Nur mit Geduld und konsequentem Gewöhnen an unterschiedliche Bodenbeschaffenheit kann man ein Pferd glaubhaft von der Ungefährlichkeit eines Untergrundes überzeugen.*

### Vorsicht, Wasser

Zum ungewissen Untergrund zählt auch Wasser. Einerseits ist es völlig natürlich, dass Pferde mit allen vier Hufen in eine Wasserstelle steigen, um ihren Durst zu löschen. Andererseits rät ihnen ihr Instinkt, den Boden unter der Wasseroberfläche vorsichtig zu prüfen. Kein Pferd würde von sich aus ins Wasser springen, es sei denn auf der Flucht!

Der Einsprung ins Wasser, wie er in Vielseitigkeitsprüfungen regelmäßig gefordert wird, ist ein nicht zu unterschätzender Vertrauensbeweis des Pferdes. In der Ausbildung hat es sich bewährt, hier die Anforderungen behutsam zu steigern: auch für ein späteres Hochleistungspferd ist der erste Schritt ins Wasser klein und vorsichtig.

Selbst Pfützen sind vielen Pferden verdächtig: Sie müssen erst die Erfahrung machen, dass sie dem Boden darunter in der Regel trauen können.

Fließendes Wasser, vor allem mit starker Strömung, ist natürlich aus Pferdesicht gefährlicher als stehendes Gewässer. In diesem Zusammenhang ist zischendes, spritzendes Wasser aus dem Schlauch ebenfalls verdächtig.

Dennoch können alle Pferde von Geburt an schwimmen, und sie lassen sich sogar an ein Bad im Salzwasser gewöhnen.

*Wasser ist für Pferde ein natürliches Element.*

## Hier war ich schon einmal

Wie alle Tiere, die ursprünglich einen weiträumigen Lebensraum bevölkerten, haben Pferde einen untrüglichen Orientierungssinn. Sie erkennen jeden Weg wieder, den sie nur ein einziges Mal gegangen sind.

### Gefährlicher Ort

*Bei einem Ausritt in einer Gruppe ritt ich ein Pferd, das mir nicht gehörte. Aber ich verstand mich auf Anhieb gut mit dem sensiblen Trakehner. Gegen den Vorschlag eines Gruppengalopps hatte ich also nichts einzuwenden. Mein Pferd hielt auch brav seinen Platz, bis es plötzlich und ohne Vorwarnung seine vier Füße in den Boden rammte und aus vollem Tempo stoppte. Ich hatte einige Mühe, im Sattel zu bleiben, war mir aber weder einer reiterlichen Schuld bewusst noch konnte ich in der Umgebung irgendetwas entdecken, das den Wallach zu seiner Reaktion provoziert haben könnte. Der Leiter des Ausrittes erinnerte sich schließlich daran, dass der Trakehner vor mehr als einem Jahr genau an dieser Stelle über einen Stein gestolpert, gestrauchelt und gestürzt war. Die gefährliche Stelle hatte das Pferd sich genau gemerkt.*

Pferde wissen außerdem immer, in welcher Himmelsrichtung der Heimatstall liegt. Es macht einen riesigen Unterschied, ob man im Gelände den ersten Galopp in Richtung vom Stall weg oder zum Stall hin anlegt — selbst wenn die heimische Box kilometerweit entfernt ist. Manche Pferde drehen auf jedem Rückweg regelrecht auf. Und wer sich im Gelände verirrt, tut besser daran, sich dem sicheren Heimfindevermögen seines Pferdes anzuvertrauen als den vielleicht unsicheren eigenen Fähigkeiten im Kartenlesen.

*Wo gehn wir denn hin? Immer nach Hause!*
NOVALIS

### Da lang geht's nach Hause

*Als Kind durfte ich nicht allein ausreiten, mit einer Ausnahme: Auf einer alten, ungeheuer zuverlässigen Stute, von der in scherzhaftem Ton behauptet wurde, sie könne „lesen und schreiben", wurde ich manchmal ohne Begleitung in die freie Natur entlassen. An einem Wintertag erhielt ich den Auftrag, in einem rund fünf Kilometer entfernten Dorf etwas abzuliefern. Ich fand den Hinweg ohne Schwierigkeiten und erledigte meinen Auftrag problemlos. Allerdings hatte es unterwegs leicht angefangen zu schneien, und als ich den Rückweg antrat, war das Schneegestöber so dicht, dass man nicht die Hand vor Augen sah. Ich erkannte nur noch eine endlose weiße Fläche vor mir, gelegentlich durch ein paar Zaunpfähle und Hecken unterbrochen. Wege, Felder und Wiesen waren unter einem riesigen weißen Schneefeld verborgen. Ich hatte nicht die leiseste Ahnung, wie ich meinen Rückweg wiederfinden sollte. Ich überlegte, einfach auf der Landstraße entlangzureiten, um mich wenigstens nicht zu verirren. Aber bei der nicht vorhandenen Sicht und ohne jede Beleuchtung für mich und das Pferd schien mir diese Möglichkeit zu gefährlich. In meiner Not legte ich die Zügel auf den Hals. Die Stute spitzte Vertrauen erweckend die Ohren, setzte sich zielsicher in Bewegung, wandte sich nach rechts, bog nach einer gewissen Strecke im rechten Winkel nach links ab und zog unbeirrt eine winkelige Spur durch den frischen Schnee. Ab und zu setzte sie sich von allein in Trab. Ich überließ ihr das Kommando. Eine gute halbe Stunde später kamen wir wohlbehalten im heimatlichen Stall an.*

## Hör mal, wer da kommt

Jedes Geräusch, das die Annäherung eines unbekannten Lebewesens anzeigt, ist Pferden von Natur aus verdächtig. Was sie nicht sehen und als bekannt und ungefährlich entschärfen können, bleibt bedrohlich. Ein unsichtbarer, aber zu hörender Zuschauer hinter einer hohen Bande in der Reithalle, ein unkontrolliert heranspringender Hund, hüpfende Kinder, ein springender Ball — alles, was sie nicht genau einschätzen können, macht Pferden Angst. Geräusche wie Knistern und Knacken im Unterholz, Rascheln in welkem Laub oder plötzliches Rauschen von Blättern kann ausreichen, den Fluchtreflex in Gang zu setzen. Instinktiv mit Furcht besetzt sind auch alle Geräusche, die mit dem Reißen und Wegschleifen einer Raubtierbeute verbunden werden könnten. Sogar harmloses Kehren oder das Schleifen von Futtersäcken kann Pferde daher aus dem inneren Gleichgewicht bringen.

## Zu groß, zu schnell, zu laut oder zu viel auf einmal

*Warum rennen wir eigentlich wie bekloppt?*

Pferde fürchten sich zudem instinktiv vor allzu heftigen Reizen, das heißt schnellen Bewegungen, lauten Geräuschen und extremen Gerüchen. Die individuelle Reizschwelle ist dabei nicht nur von Pferd zu Pferd sehr verschieden, sondern auch abhängig von der jeweiligen Situation — eine Grund-Aufregung wie Alleinsein oder eine fremde Umgebung, aber auch Bewegungsmangel setzen die jeweilige Reizschwelle deutlich herunter. Auch brave Pferde suchen sich regelrecht ihren Anlass zum Scheuen, wenn sie „geladen" sind.

Außerdem orientieren sich Pferde sehr stark an der Reaktion ihrer Artgenossen. Eine anfängliche Schreckreaktion eines Pferdes kann durch die Gesellschaft eines gelassenen, erfahrenen „Führpferdes" meist abgemildert werden.

*Keine Ahnung... Du hast doch damit angefangen!*

Wenn Pferden zum Beispiel aus gesundheitlichen Gründen Bewegungseinschränkungen auferlegt werden müssen, sind sie oft schwierig zu handhaben. Leider lässt sich ihnen die Notwendigkeit, sich wochenlang ausschließlich im Schritt zu bewegen, nicht argumentativ nahe bringen. Auch die Trainingsanweisungen des Tierarztes für ein sich langsam steigerndes Aufbautraining stoßen nicht selten auf größtes Unverständnis ...

## Sage mir, wie du scheust ...

Pferde nutzen alle Sinne — einschließlich der Körperwahrnehmung — zur Absicherung. Wovor, aber auch wie ein Pferd scheut, ist von Pferd zu Pferd verschieden und unterliegt vielen situationsbedingten Varianten. Aber dennoch kann man ein typisches Scheuverhalten für jedes Pferd beobachten. Es gibt von Natur aus gelassene oder angespannte, selbstbewusste oder ängstliche Pferde. „Guckige" Vierbeiner schauen in erster Linie nach allem, was ihnen möglicherweise nicht geheuer ist. Andere sind besonders geräuschempfindlich und lassen sich eher durch die Wahrnehmung mit den Ohren beeindrucken.

Besonders geruchsempfindliche Pferde machen eher Schwierigkeiten bei der Verabreichung von Medikamenten — einschließlich Salben — mit starkem Eigengeruch; ansonsten schlagen nur sehr extreme Gerüche (Müllkippe, Feuer) Pferde in die Flucht.

Natürlich kann auch die Körperwahrnehmung ein Scheuen auslösen. Hier kann man sich am ehesten Schmerz auslösende Berührungen vorstellen, die vom Insektenstich bis zum Peitschenhieb, vom Kitzeln bis zum Druck durch einen unpassenden Sattel reichen können.

Die jeweilige Reaktion eines scheuenden Pferdes kann höchst unterschiedliche Formen annehmen und reicht vom Zögern, Stoppen und seitlichen Ausweichen (Wegspringen) über Rückwärtsrennen, abrupte Kehrtwendungen oder Widersetzlichkeit gegen den Reiter (Bocken, Steigen) bis zum unkontrollierbaren Davonstürmen.

## Gut zu wissen

**Viele Pferde haben ein wiederkehrendes Fluchtmuster, das heißt sie springen im Zweifelsfall nach links weg, starten in Richtung Stall durch oder rammen sogar aus vollem Galopp alle vier Beine in den Boden. Wer als Reiter auf die entsprechende Reaktion gefasst ist, kommt weniger leicht in Gefahr.**

*Nett, dass du mir näher kommst.*

*Ist ja interessant!*

*Lass mal von nahem anschauen …*

*Nanu! Das Ding ist nicht ganz geheuer!*

*Hilfe! Nix wie weg!*

*Im Stall wäre ich in Sicherheit …*

*Na, mal schauen!*

*Etwas unheimlich ist es doch.*

*Aber ich wüsste doch zu gerne …*

## Die Sache mit dem Regenschirm

Polizeipferde müssen sich durch besondere Gelassenheit und Scheufreiheit auszeichnen. Da sie aber jung gekauft und im Einsatz ausgebildet werden, ist es oft nicht leicht, vorauszusagen, ob der vierbeinige Nachwuchs diensttauglich wird. Ein Polizeireiter erzählte mir von einem Eignungstest für zukünftige Polizeipferde: Unmittelbar vor ihrer Nase wurde ein Automatik-Regenschirm aufgeklappt. Die Frage war nicht, ob die Pferde scheuen würden — eine solche Provokation ist für jedes Fluchttier Anlass, einen Sicherheitsabstand einzunehmen. Die Frage war vielmehr, wie lange es dauern würde, bis Neugier das Pferd dazu veranlassen würde, das bedrohliche Objekt näher zu untersuchen.

Sichere Voraussagen darüber, wovor und wie Pferde scheuen, kann es nicht geben. Aber der Test mit dem Regenschirm offenbart deutliche Unterschiede. Der junge Wallach fühlt sich von dem unbekannten Objekt zunächst deutlich sichtbar bedroht; die gelassene ältere Stute kommt gar nicht auf die Idee, dass von dem Regenschirm für sie irgendeine Gefahr ausgehen könnte.

## Panik

Nicht jeder möglicherweise bedrohliche Reiz löst gleich eine panische Flucht aus. Ein hohes Maß an Neugier ist das Gegengewicht zur extremen, gefährlichen, selbstgefährdenden Panik, bei der die Wahrnehmung weitestgehend außer Kraft gesetzt ist. Panik ist sozusagen Flucht pur. Das erklärt, warum Pferde in Panik zum Beispiel ungebremst gegen feste Hindernisse preschen oder mitten vor fahrende Autos springen.

Im Normalfall kann man sich darauf verlassen, dass kein Pferd auf ein anderes Lebewesen, also auch nicht auf einen am Boden liegenden Menschen treten würde. Schließlich ist auch ein lebendiger Untergrund in höchstem Maße unsicher! Panische Pferde allerdings achten in höchster Erregung nicht mehr darauf, wohin sie ihre Hufe setzen.

Unbekannte Objekte können durch Besichtigen und Beschnuppern als ungefährlich eingestuft werden. In der Ausbildung der Pferde spielt das Ausnutzen des Neugierverhaltens neben der Macht der Gewohnheit eine zentrale Rolle.

> ## Antwort in der Pferdesprache
> *Scheut ein Pferd vor einem unbekannten Gegenstand, so ist es eine passende Antwort, das Pferd zu ermutigen, sich dem Furcht auslösenden Objekt trotzdem zu nähern und es durch Beschnuppern zu entschärfen. Lernt ein Pferd dieses Vorgehen als Ritual kennen, wird es mit der Zeit immer einfacher, es zum Schnupperkontakt zu veranlassen.*

### Geh du voran

Pferde sind gewöhnt, sich auf ranghöhere „Wächter" in der Herde zu verlassen. Die Begleitung oder — im Zweifelsfall — das Vorangehen eines sicheren Führpferdes ist die beste Methode, um Ängste vor neuen Herausforderungen gar nicht erst aufkommen zu lassen. In Pferdegesellschaft sind vor allem unerfahrene Pferde generell viel ruhiger als allein ohne Sichtkontakt zu Artgenossen.

Ein erfahrenes Pferd ist der beste Babysitter für den vierbeinigen Youngster: beim Einsteigen in den Pferdehänger, bei der Erkundung der fremden Weide, für die ersten Ausritte, beim Einritt ins Wasser, beim Sprung über den Graben. Wenn es gelingt, die neue Erfahrung dem Pferd als Normalfall begreiflich zu machen, wird es auch allein viel einfacher zur entsprechenden Kooperation zu überreden sein.

*Hinter dem sicheren Führungspferd her ins unsichere Wasser ...*

### Antwort in der Pferdesprache
**Die Hilfe durch eine erfahrenes Führpferd kann nicht hoch genug eingeschätzt werden. Pferdefreunde bauen vor, indem sie möglicherweise angstbesetzte Situationen durch vierbeinigen Begleitservice entschärfen.**

### Das Scheuen abgewöhnen?

*Stoße die Tür auf, vor der du dich am meisten fürchtest! Das Ende deiner Angst ist dir sicher*
AUTORIN UNBEKANNT

Manche Reiter fühlen sich mit ihren Pferden nur hinter schützenden Wänden des Stalles oder der Reithalle sicher. Sie versuchen, störende Außenreize und damit Anlässe für das gefürchtete Scheuen regelrecht auszusperren. Tatsächlich zeigt diese Strategie aber wenig Erfolg. Weil das Scheuverhalten auf angeborene Instinkte zurückgeht, lässt es sich nicht abtrainieren. Im Gegenteil: Wenn Pferde nicht darin in Übung bleiben, unterschiedliche Außenreize zu verarbeiten, geraten sie in ungewohnten Situationen viel eher unter Stress und lassen sich von Kleinigkeiten völlig aus der Spur bringen.

Gewöhnung an alle wiederkehrenden Außenreize, sichere Routine, Umgebungswechsel, neue Aufgabenstellungen, unterschiedliche Herausforderungen: Richtig dosiert, sind das die Bausteine einer erfolgreichen Partnerschaft mit dem Pferd. Hat ein Vierbeiner sich einerseits in Ruhe an all das gewöhnt, was regelmäßig von ihm erwartet wird, andererseits aber auch gelernt, sich in einer neuen Umgebung sicher zu fühlen, sind die beiden wesentlichen Stützpfeiler der erfolgreichen Pferdeausbildung eingezogen (mehr dazu in den Kapiteln 7 und 8).

Es ist im Übrigen erstaunlich, woran sich Pferde in aller Ruhe gewöhnen lassen. Auch der eigens für den Fototermin aufgespannte Regenschirm verlor beim zweiten und dritten Versuch seine Schrecken. Bedauerlicherweise überlassen viele Reiter die Konfrontation mit Außenreizen dem König Zufall: Sie warten ab, bis ihre Pferde Grund zum Scheuen finden, und versuchen dann, mehr oder weniger erfolgreich deren Reaktionen zu kontrollieren. Ein aktiver, problembewusster Umgang mit möglichen Anlässen zum Scheuen bietet uns Menschen aber eher die Chance zu agieren als nur zu reagieren. Zu einer systematischen Ausbildung — die man schon aus Gründen eines aktiv verstandenen Tierschutzes jedem Pferd gönnen möchte — gehört eine dosierte Konfrontation mit vielleicht Furcht erregenden Außenreizen allemal dazu.

> ## Antwort in der Pferdesprache
> *Wie auch immer die Reaktionen des Menschen auf das Scheuen eines Pferdes ausfallen – Strafen sind nicht angebracht. Es kann immer nur darum gehen, mögliche Gefahren abzuwenden und dem Pferd so schnell wie möglich Sicherheit in der Obhut des Menschen – ob an der Hand unter dem Sattel – zu vermitteln.*

- **Sicherheit in der Obhut des Menschen**
- **Vertraute Stimme**
- **Vertrauen auf Reiterhilfen**
- **Gesellschaft eines sicheren Führpferdes**
- **Fixieren eines unbekannten Gegenstandes mit beiden Augen gleichzeitig**
- **Beschnuppern eines unbekannten, verdächtigen Gegenstandes**
- **Systematische Gewöhnung**

- **Verdächtige Silhouetten**
- **Rasch wechselnde Lichtverhältnisse**
- **Unsicherer Untergrund**
- **Unbekanntes Wasser**
- **Morastiges Gelände**
- **Alleinsein bei Gefahr**
- **Angeschrieen werden**
- **Keine Gelegenheit, Furcht erregende Reize zu „entschärfen"**
- **Kombination von innerer Spannung und Anlässe zum Scheuen**

- **An Raubtiere erinnernde Silhouetten**
- **Krabbelnde Kinder**
- **Bedrohung von oben**
- **Gefahr direkt von hinten**
- **Jagende Hunde**
- **Glatteis**
- **Tiefer Sumpf**
- **Zu groß**
- **Zu laut**
- **Zu schnell**
- **Zu viele ungewohnte Reize auf einmal**
- **Strafen wegen Angstreaktionen**

# Kann ich dich riechen – oder nicht? Wenn sie sich begegnen

## Kann ich dich riechen – oder nicht?

*Für einen ersten Eindruck gibt es keine zweite Chance.*
AUS DEUTSCHLAND

Zu den faszinierenden Beobachtungen, die man als Pferdefreund machen kann, gehören die spontanen Freundschaften und Feindschaften der Pferde. Man könnte die Begegnung fremder Pferde mit der Reaktion einer Schulklasse vergleichen, in der sich ein neuer Lehrer vorstellt: Noch bevor der Neue überhaupt mit dem Unterricht begonnen hat, reagieren die Schüler spontan mit Einverständnis, Respekt, Gleichgültigkeit oder Ablehnung. Genauso schnell sortieren Pferde ihre Artgenossen in die Schubladen „Freund", „Feind", „Rivale", „unterwürfiger Anhang" oder „belangloser Artgenosse."

Isser nicht süß ? Guck mal, genau wie Brad Pitt!

Der? Geschmacksverirrung pur!

Selbst die Reaktionen auf ein unbekanntes Pferd in einiger Entfernung fallen sehr unterschiedlich aus. Offenbar verrät die typische Silhouette des Ankömmlings in der Pferdesprache einiges darüber, ob sich da ein ranghohes oder rangniederes Tier nähert und ob der oder die Fremde freundlich, feindlich, ängstlich, selbstbewusst, neugierig oder desinteressiert ist.

Es gibt unter Pferden regelrechte Draufgänger, die sich jedem anderen Vierbeiner aufdrängen — wobei anfängliche Nähe oft in spätere Streitigkeiten mündet. Es gibt sehr reservierte und zurückhaltende Pferde, die nach anfänglicher Abwehr intensive und beständige Freundschaften schließen. Es gibt aggressive ranghohe Pferde, die jede vermeintliche Rivalität in ihrem Umfeld im Keim zu ersticken suchen. Es gibt rangniedere Tiere, die wie „Angstbeißer" allen ranghohen Tieren gegenüber vorsorglich eine Abwehrhaltung einnehmen. Es gibt selbstbewusste Strahlemänner (und -frauen), die ihre Führungsrolle für selbstverständlich zu halten scheinen. Es gibt sanfte wie zickige Stuten, freundliche wie aggressive Wallache und Hengste — wobei letztere hormonell bedingt ein höheres Aggressionspotenzial haben. Ausgewachsene Hengste betrachten in der Regel jeden anderen männlichen Vierbeiner als potenziellen Rivalen.

### Der Unwiderstehliche

*Eines meiner Pferde war ein verspielter, selbstbewusster Wallach, dem echte Feindseligkeit einigermaßen fremd war. Er betrachtete alle Rangordnungsstreitigkeiten offensichtlich als schönes Spiel. Als er eines Tages in einen fremden Stall kam, entpuppte sich seine neue vierbeinige Nachbarin als die zickigste Stute im Stall: ein kleines, aber umso giftigeres Pony, das sich mit keinem anderen Pferd vertrug. Als der Neuankömmling zur Begrüßung seine Nase durchs Trenngitter streckte, giftete sie nach allen Regeln der Kunst zurück und versuchte, den sehr viel größeren Wallach durch drohendes In-die-Luft-Beißen und Scheinangriffe mit fast waagerecht angelegten Ohren zu vertreiben. Ihr Nachbar fand das alles äußerst interessant, spitzte weiterhin die Ohren und versuchte, zu der sich wie wild gebärdenden Pferdedame Kontakt aufzunehmen. Die Aggression der Ponystute prallte völlig wirkungslos an ihm ab. Eine halbe Stunde lang hielt die Stute mit ihrem Benehmen durch – dann ergab sie sich der unbeirrten Freundlichkeit des Wallachs. Sie stellte ihre Feindseligkeiten wie auf Knopfdruck ein und suchte freundlichen Nasenkontakt. Von dem Augenblick an spielte sie sozusagen die Frontfrau im wachsenden Fanclub des Neuzugangs im Stall.*

*Kill him with kindness!*
AUS ENGLAND
(MACH IHN FERTIG MIT FREUNDLICHKEIT!)

Signifikante Unterschiede in der „Teamfähigkeit" von Pferden gehören einerseits zum Charakter, sind aber auch Folge der jeweiligen Aufzucht. Voraussetzung dafür, dass ein Pferd sich rasch in eine neue Herde einfügen kann, sind entsprechende Erfahrungen in der Fohlenzeit. Hat ein junges Pferd zu wenig oder nur eintönige Pferdegesellschaft kennen gelernt, wird es viel mehr Schwierigkeiten haben, sich mit unterschiedlichen Pferden artgerecht auseinanderzusetzen.

*Die jungen Pasofino-Hengste kommen offensichtlich gut miteinander klar.*

Pferde mit ähnlichen Merkmalen (Rasse, Alter, Geschlecht) passen oft gut zusammen: Mutterstuten, gleichaltrige Fohlen oder eine Gruppe vierbeiniger Rentner. Wallache schließen sich oft gern an eine Stute an, Altersgenossen können sich einerseits gut verstehen, andererseits aber auch heftige Rivalität entwickeln. Das alles lässt sich ohne größere Schwierigkeiten nachvollziehen. Aber für manche Pferdefreundschaften und -feindschaften gibt es keine plausible Erklärung. Ganz wie bei uns Menschen sind die Sympathien und Antipathien der Pferde nur zum Teil logischen Argumenten zugänglich — der Rest ist „Chemie" zwischen zwei Lebewesen. Im Übrigen „verlieben" sich auch Zweibeiner in Pferde, die aus der Perspektive schnöder sachlicher Argumente ganz und gar nicht zu ihnen passen ...

## Wer hat das Sagen?

Pferde klären — wenn sie nur irgendwie die Gelegenheit dafür finden — mit jedem Neuankömmling die gegenseitige Einschätzung, inbegriffen der Dauerfrage, wer im Zweifelsfall das Sagen hat, das heißt in der Rangordnung höher steht.

### Komm mir ja nicht zu nahe!

*Eine talentierte junge Stute wurde über eine Auktion an eine Dressurreiterin verkauft. Im Verlauf der Ausbildung erwies sich das Pferd zwar als menschenfreundlich und rittig, aber als ausgesprochen biestig gegenüber anderen Pferden. Sie mochte keinen ihrer wechselnden Boxennachbarn, giftete andere Pferde in der Reitbahn bei jeder Begegnung an und schloss auch über Jahre hinweg keinerlei Freundschaft zu einem anderen Vierbeiner. Das einzige Pferd, dem sie sich je mit gespitzten Ohren näherte, war ein winziges Shetlandpony. Erst nach Jahren gelang es der Reiterin, den Grund für das ungewöhnlich feindselige Benehmen ihres Pferdes gegenüber Artgenossen herauszufinden: Die Stute war als Fohlen an einen Besitzer verkauft worden, der das junge Pferd ohne jede andere Pferdegesellschaft aufwachsen ließ.*

Die Kontaktaufnahme fremder Pferde untereinander geht anfangs stets nach einem vergleichbaren Schema vor sich. Die beiden Fremdlinge mustern sich und demonstrieren je nach Persönlichkeit schon in der Körperhaltung und Bewegung kraftvolles Selbstbewusstsein, Neugier oder ängstliche Unterwürfigkeit. Die Begrüßung erfolgt Nase an Nase; der Nasenkontakt endet in drei grundsätzlichen Varianten: mit Schmusen und Fellkraulen, mit drohendem Quietschen (das in eine kämpferische Auseinandersetzung münden kann) oder mit gleichgültigem Rückzug. Das gegenseitige Beschnuppern schließt oft die Genitalregion ein, vor allem beim Kontakt zwischen Wallachen und Stuten.

Ein ganz eigenes, höchst beeindruckendes Ritual, das man heute im Zeitalter überwiegend künstlicher Besamung nur noch selten beobachten kann, ist die freie Begegnung zwischen Hengst und Stute. Wallache zeigen in der Regel nur noch rudimentäre Reste des ursprünglichen Hengstverhaltens. Es kann aufflammen, wenn eine Stute rossig wird; dann kommt es gelegentlich auch zwischen guten Kumpeln zu Rivalität und Streit.

*Zum Zeichen seiner Überlegenheit treibt der Hengst die Stute vor sich her.*

*Dieser Annäherungsversuch ist (noch) nicht erwünscht.*

*Zärtlich wirbt der Hengst um die Gunst der Pferdedame.*

Bei Sympathie suchen Pferde Körperkontakt, vor allem mit den Köpfen. Ein fast rührend anzusehender Kontakt ist das gegenseitige Beknabbern überwiegend im Bereich von Mähnenkamm und Widerrist Das gegenseitige Fell- oder Mähnenkraulen, das in der Pferdeliteratur etwas irreführend auch als „soziale Fellpflege" beschrieben wird, ist von der Verhaltensforschung eindeutig als echter Freundschaftsbeweis anerkannt.

*Sympathie auf beiden Seiten …*

*Da muss man sich doch einfach näher kommen!*

*Wie klappt es denn am besten?*

*So kann jeder „in Arbeitshöhe" knabbern …*

Eine freundliche Begegnung zwischen zwei fremden Pferden ist allerdings längst nicht die Regel. Kämpfe um die Rangordnung gehören zum Pferdealltag! Pferdebesitzer dürfen solche Auseinandersetzungen dennoch nicht auf die leichte Schulter nehmen — keilende Pferde, die noch dazu beschlagen sind, können sich gegenseitig ernsthafte Verletzungen zufügen. Andererseits ist auch die Macht der Gewohnheit — zum Beispiel für Stallgefährten — ein ausschlaggebender Faktor für das Zusammengehörigkeitsgefühl.

### Ein für allemal: Lass es lieber bleiben ...!

*Mit äußerster Verblüffung beobachtete ich die erste Begegnung einer ranghohen, dabei aber sehr friedfertigen und verträglichen, gegenüber jüngeren Pferden geradezu fürsorglichen Stute mit einem kleinen Shetlandpony-Wallach. Ich hatte erwartet, dass sie den Kleinen freundlich bemuttern würde – stattdessen trieb sie ihn mit Bissen vor sich her in eine Ecke der Weide, drehte sich um und begann, nach allen Regeln der Kunst zu keilen. Zum Glück gelang es mir, sie von dem Pony zu trennen, bevor sie es ernsthaft verletzen konnte. Von diesem Tag an herrschte Burgfrieden zwischen den beiden Pferden, die Stute wiederholte ihre Feindseligkeit nie wieder. Sie blieb aber das einzige Pferd, vor dem der kleine Neuankömmling im Stall grenzenlosen Respekt zeigte – allen anderen Vierbeinern gegenüber blieb er auf eine verspielte Weise frech und selbstbewusst. Gelegentlich entwickelte er sich zu einem regelrechten kleinen Quälgeist. Die Stute hatte ihn offenbar als Einzige auf den ersten Blick „durchschaut".*

*Ernsthafter Kampf*

*Traute Zweisamkeit*

### Gleich und gleich gesellt sich (un)gern

Man kann für die Zusammensetzung einer Pferdegruppe günstige und ungünstige Faktoren formulieren, aber im Einzelfall verhalten sich Pferde durchaus nicht nach solchen Vorschriften. Kritisch ist auf jeden Fall das Zusammentreffen zweier Wallache oder gar Hengste von annähernd gleich hohem Rang. Sie werden vermutlich endlos damit beschäftigt sein, herauszufinden, wer der Stärkere von beiden ist.

*Vorsichtige Annäherung*

Enge Freundschaften zwischen Wallach und Stute gibt es oft, allerdings kann diese Idylle durch das Hinzukommen eines weiteren Wallachs jäh gestört werden — Eifersucht ist auch den Pferden nicht fremd. Wallache neigen dazu, „ihre" Stute gegen Fremdlinge zu verteidigen, insbesondere während der Rosse, in der die Stute näheren Körperkontakt duldet oder sogar selbst sucht.

Stuten reagieren instinktiv kritischer auf direkte Annäherungen als Wallache. Ihre bevorzugten Waffen sind die Hinterbeine, mit denen sie sich vor allem gegen unerwünschte sexuelle Attacken zu wehren wissen.

Untersuchungen an heute lebenden Pferderassen haben gezeigt, dass der bevorzugte normale Abstand zum Nachbarpferd in der Herde ebenfalls genetisch geprägt ist. Pferde aus kälteren Gebieten (Islandpferd, Shetlandponys) stehen, grasen und laufen dichter zusammen als etwa Araber oder die auf Rennleistung gezüchteten englischen Vollblüter. Bei der gegenseitigen Annäherung solcher Pferde kann es zu gravierenden Missverständnissen und dadurch bedingten Konflikten kommen.

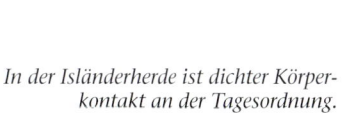

*In der Isländerherde ist dichter Körperkontakt an der Tagesordnung.*

*Die  Araberstuten mit ihren Fohlen halten von sich aus Abstand.*

## Herde und Außenseiter

Ein Neuankömmling in einer Pferdegruppe, in dem sich die übrigen Mitglieder bereits kennen, hat es nicht leicht. Meist lässt er das Begrüßungsritual still und starr über sich ergehen, bevor sich die allgemeine Erregung in Bewegung Luft verschafft. Besonders bei Fohlen kann man als Begrüßung eines ranghohen fremden Pferdes ein unterwürfiges Kauen beobachten.

Der berühmte „Pferdeflüsterer" Monty Roberts bringt in der von ihm propagierten Methode „Join up" Pferde zu genau dieser Geste der Unterwerfung. Ein von der sicheren Herde getrenntes, einzelnes Pferd wird dabei in einem kleinen runden Pferch (Roundpen) immer wieder weggetrieben, ohne dass es ihm gelingt, die Entfernung zum Menschen tatsächlich zu vergrößern. Dieser Kunstgriff signalisiert dem Pferd die Überlegenheit des Zweibeiners, der es sich schließlich ergibt.

*Auf das Drohgesicht des Schimmels reagiert der Rappe mit unterwürfigem Kauen.*

Wenn ein neues Pferd in eine fest gefügte Herdengemeinschaft kommt — zum Beispiel auf eine Weide oder in eine gemeinschaftliche Gruppen-Auslaufhaltung mit Offenstall — verteidigen die „alteingesessenen" Pferde zunächst einmal ihre Privilegien gegenüber dem Neuling. Es kann passieren, dass ein besonders rangniederes Pferd zur Zielscheibe einer ganzen Pferdegruppe wird. Pferde können durchaus sehr unfair reagieren, indem sie einen Außenseiter zu mehreren jagen, in eine Ecke drängen, gemeinschaftlich nach ihm keilen, ihn am Betreten des gemeinsamen Unterstands hindern und den Zutritt zu Futter und Wasser versperren. Alle gegen einen — das kann mit ernsthaften Verletzungen enden.

### Die Nummer vier von hinten

*Wie genau die Rangordnung funktioniert, konnte ich im österreichischen Staatsgestüt Piber beobachten, in dem der Nachwuchs für die weltberühmte Wiener Hofreitschule gezüchtet wird. Die trächtigen Lipizzanerstuten waren gemeinsam in einem großen Laufstall untergebracht. Morgens wurde die Tür geöffnet und die Pferde, allesamt Schimmelstuten, zogen gesittet hinter der Leitstute her, in Reih und Glied wie durchnummeriert, auf die Koppel. Am Ende der über zwanzigköpfigen Pferdegruppe, auf dem vierten Platz von hinten, entdeckte ich eine dunkle Stute. Mein Begleiter, der mich durch das Gestüt führte, klärte mich auf: Die Stute hatte einen der Angestellten des Gestüts zu einer guten Platzierung bei der letzten olympischen Vielseitigkeit getragen; daher war ihr die Ehre zuteil geworden, in die Zuchtstutenherde in Piber integriert zu werden. Olympia hin oder her — das ehemalige Hochleistungspferd hatte sich wie alle anderen Fremdlinge hinten anzustellen. Vom letzten Platz in der Rangordnung hatte sie sich im Verlauf von einigen Monaten auf den vierten Platz von hinten hochgearbeitet …*

## Die Mischung macht's

Schwierigkeiten treten oft auch in künstlichen Herden mit starkem Mix von Rassen und Altersstufen auf. Hier besteht besonders leicht die Gefahr, dass ein Außenseiter ausgegrenzt wird oder ein ranghohes Tier rangniedere Weidegenossen regelrecht drangsaliert.

Wo solche Probleme auftauchen, sollten sich die beteiligten Besitzer darüber klar sein, dass dieses Pferdeverhalten nicht böswillig ist, auch nicht vom schlechten Charakter der beteiligten Pferde oder mangelnder Erziehung zeugt, sondern zum arttypischen Verhalten gehört. Selbst noch so menschenfreundliche, bestens erzogene Pferde zeigen gegenüber Artgenossen, die in der Rangordnung weit unter ihnen stehen, aggressive Verhaltensweisen.

Die Eingliederung eines Neulings in eine bestehende Herde erfordert Erfahrung und Fingerspitzengefühl des Pferdehalters. Auch hier greift die Macht der Gewohnheit: Pferde, die auf benachbarten Paddocks oder Weiden untergebracht werden, gewöhnen sich oft so aneinander, dass man sie später auch zusammen auf eine Weide stellen kann. Entscheidend ist immer die Haltung des Leittieres: Es muss den Neuling akzeptieren.

Wenn eine Herde neu zusammengestellt wird, zum Beispiel auf einer Gemeinschafts-Fohlenkoppel, sollten möglichst alle Tiere gleichzeitig aufgetrieben werden. Jeder Nachzügler hat es schwer! Im Zweifelsfall kann es sinnvoll sein, die schwächeren Tiere zuerst in die Freiheit zu entlassen, bevor sie von den stärkeren drangsaliert werden können.

> ## Antwort in der Pferdesprache
> **Bei mehreren Pferden in einer Gruppe sollte jeder, der mit ihnen umgeht, die Rangordnung der Tiere untereinander kennen und respektieren. Das gilt für die Reihenfolge des Fütterns genauso wie für die Reihenfolge auf dem Weg von der oder zur Koppel.**

### Treue Freunde, sture Feinde

Das gute Gedächtnis der Pferde verlässt sie auch bei der Begegnung mit ihren Artgenossen nicht. Pferde erinnern sich viele Jahre lang an ihre vierbeinigen Freunde und können geradezu rührende Wiedersehensfreude zeigen. Die Treue gegenüber Freunden ist weitaus stärker als etwa der Zusammenhalt zwischen nah verwandten Pferden. Ebenso hartnäckig können Pferde aber auch Feindschaften pflegen.

*So gelassen bleibt ein Pferd nur liegen, wenn sich ein vierbeiniger Freund nähert.*

Eine merkwürdige Variante ist die Tatsache, dass manche Pferde eine offensichtliche Abneigung gegen bestimmte auffällige Pferdefarben, zum Beispiel Schimmel oder Schecken, haben. Ich erinnere mich an einen Rappwallach mit sehr viel „Hengstmanieren", der in seiner unmittelbaren Umgebung keine Schimmel duldete — natürlich nicht neben sich, auch nicht vor sich und schon gar nicht hinter sich. Mit blitzschneller Kehrtwendung pflegte er sich dem vermeintlichen „Verfolger" zu stellen, meist eine unangenehme Überraschung für den Reiter auf seinem Rücken.

*Two is company,*
*three is none.*
ENGLISCHES SPRICHWORT
(ZWEI SIND GEFÄHRTEN,
DREI SIND GAR NICHTS.)

Pferde arrangieren sich — vertraute Gefährten hin oder her — mit jedem Neuankömmling. Pferdefreunde sollten sich daher hüten, an die Treue der Pferde moralische Ansprüche zu stellen. Bei jeder Änderung in einer Gruppe werden sozusagen die Karten neu gemischt. Der beste Platz ist immer der neben dem ranghöchsten Pferd! Eine besondere Herausforderung besteht — ganz wie bei uns Menschen — im Zusammenleben einer Dreiergruppe. Ein neu hinzukommender Vierbeiner kann eine bewährte Pferdefreundschaft regelrecht spalten. Der oder die Schwächste hat dann das Nachsehen.

*Drei, die sich (trotzdem)*
*gut verstehen*

## Trennung

Je dichter und intensiver der Kontakt von Pferden untereinander ist, desto schwerer lassen sie sich trennen. Isolation — die man für die konzentrierte Arbeit in der Reithalle wünscht — ist für Pferde zunächst eine höchst künstliche, befremdliche und beängstigende Situation. Dass sich beispielsweise Saugfohlen nur unter größtem Protest von ihren Müttern trennen lassen, leuchtet unmittelbar ein. Aber auch Stall- oder Weidegefährten „kleben" oft regelrecht aneinander. Es kann äußerst schwierig werden, sie zu trennen. Verhängnisvoll kann der Versuch enden, ein Pferd einzeln ohne Gesellschaft zurückzulassen.

Wie stark Pferde aneinander hängen, ist schwer vorherzusagen, aber fast alle Pferde mögen die Gesellschaft eines vertrauten Pferdes beim Reiten. Ranghöhere Pferde kommen in der Regel besser mit dem Alleinsein zurecht als rangniedere Pferde. Selbstverständlich ist die Macht der Gewohnheit hilfreich, aber nicht in jedem Einzelfall. Pferde können das Fehlen ihres vertrauten Nachbarn, vor allem aber der vertrauten Nachbarin (die so etwas wie eine Leitstuten-Rolle in ihrem Leben hat) zum Anlass nehmen, ihre vertraute Box systematisch zu zerlegen — andere Pferde in Sichtweite zählen da nicht. Ganz allein im Stall zu sein, macht die Situation natürlich noch schlimmer.

Endlich haben wir die Halle für uns!

Pferde können über den Verlust eines gewohnten Gefährten regelrecht trauern: Sie wirken je nach Temperament teilnahmslos oder aufgeregt, verweigern im Extremfall sogar ihr Futter. Allerdings gilt auch hier: Menschliche Maßstäbe an eine „Treue" gegenüber einem langjährigen vierbeinigen Partner sollten echte Pferdefreunde an das Verhalten von Pferden nicht anlegen — und schon gar nicht heimlich darauf hoffen, dass ihre Pferde sie schwer vermissen. Einerseits können Pferde dem Verlust von allen lieben Gewohnheiten regelrecht nachtrauern: sei es eine vertraute Umgebung, ein eingespielter Tagesablauf, ein netter Nachbar oder eben der gewohnte Reiter. Andererseits arrangieren sie sich schnell mit passenden Alternativen und neuen Herausforderungen.

*Es ist schon schwer, das Leben zu zweien. Nur eins ist noch schwer allein zu sein.*
AUS DEUTSCHLAND

*Zu zweit reiten:*
*Das gefällt Pferden wie Reitern.*

## Wo bist du?

*Eines meiner Pferde, ein junger Wallach, war für einige Monate in Ausbildung in einem fremden Stall. Nach seiner Rückkehr in die heimatliche Reitanlage wurde er gleich am nächsten Tag beim Training für eine große Quadrille beim Weihnachtsreiten geritten. In der Halle herrschte eine lebhafte Arbeitsatmosphäre, die zwölf an der Quadrille teilnehmenden Pferde wurden intensiv abgeritten. Mit von der Partie war auch mein zweites Pferd, eine ranghohe ältere Stute, die der Wallach von früheren gemeinsamen Ritten her kannte. Sie hatte für ihn mehrfach die Rolle als Führpferd in schwierigen Situationen in der Ausbildung übernommen – etwa beim Verladen, bei den ersten Ausritten, beim Durchqueren von Wasser oder Springen eines Grabens. Inmitten des Vierecks war schon die Weihnachtsdekoration aufgebaut, ein großes „Himmelstor" mit Weihnachtsbäumen rechts und links. Meine beiden Pferde befanden sich an entgegengesetzten Enden der Reithalle, als die Stute aus der Sicht des Wallachs für einen Augenblick hinter der Dekoration verschwand. Der Wallach explodierte mit einem riesigen Bocksprung und raste in die Richtung, in der die Stute „verschwunden" war.*

## Gut zu wissen

**Der Sicherheitsabstand, den ein Pferd um sich herum braucht, um sich ganz sicher zu fühlen, entspricht der kritischen Zone. Pferde gewöhnen sich an weniger Abstand, aber gerade gegenüber fremden Pferden sollte man unbedingt auf genügend Distanz bei jeder Begegnung achten.**

## Vorsicht, Kampfhandlungen!

Rangeleien um die Rangordnung sind nicht auf Stall und Weide begrenzt. Auch beim Reiten spielt die natürliche Hackordnung eine größere Rolle, als Reitern lieb sein kann. Ein typisches Beispiel dafür ist die Begegnung zweier Pferde in der Reitbahn. Während Reiter damit beschäftigt sind, Hufschlagfiguren auszuführen und Lektionen zu reiten, läuft im Kopf ihrer Pferde oft ein ganz anderer Film ab: Sie begegnen einem ranghöheren oder rangniederen Vierbeiner. Kritisch kann diese Begegnung werden, wenn nicht genügend Sicherheitsabstand eingehalten wird. Ein traumatisches Erlebnis beim Entgegenkommen — gar ein Zusammenstoß mit einem anderen Pferd — kann nachhaltige Folgen haben. Unter Umständen wird das junge Pferd nie mehr völlig unbefangen einem anderen Pferd in der Reitbahn begegnen.

*Bei der Reihenfolge in einer Quadrille – hier mit einer Schulpferdegruppe – muss auf die Rangordnung und Verträglichkeit der Pferde Rücksicht genommen werden.*

## Antwort in der Pferdesprache

**Wer auch im Sattel die Begegnungen mit fremden Pferden aus der Perspektive des eigenen Pferdes wahrnimmt, hat eine bessere Chance, unangenehme Konfrontationen zu vermeiden.**

Selbst wenn zwei Reiter aus Prinzip kein Wort miteinander reden — ihre Pferde betrachten sich gegenseitig aus ihrer eigenen Sicht. Findet ein Pferd in einer Halle oder auf dem Außenplatz einen Grund zur Aufregung, teilt sich die Körperspannung oft allen Pferden in Sichtweite mit. Heftige Auseinandersetzungen zwischen Pferd und Reiter wirken ebenso störend auf alle Mitreiter, wie sich eine konzentrierte Arbeitsatmosphäre motivierend auf alle anwesenden Vier- und damit auch Zweibeiner auswirkt.

Ein deutliches Scheuen löst oft eine Kettenreaktion aus, wobei das letzte Glied in der Kette, also das zuletzt reagierende Pferd, oft genug nur die Fluchtreaktion teilt, ohne den tatsächlichen Anlass wahrgenommen zu haben.

Pferde kennen ihre Pappenheimer, selbst wenn es nur die Gefährten aus dem Reitstall sind, die man üblicherweise nur im Viereck oder auf dem Außenplatz trifft. In großen Ställen mit einer Vielzahl an Boxen lernen die Pferde, sich nicht um jeden Ankömmling zu kümmern. Unterschätzen sollte man das Erinnerungsvermögen der Pferde trotzdem nicht.

### Herde unter dem Sattel

Den interessanten Sonderfall einer Herde unter dem Sattel stellt eine Pferdegruppe dar, die in der Regel gemeinsam geritten wird, wie die Schulpferde eines Reitervereins oder die Leihpferde eines Ausreitbetriebes. Selbst wenn diese Pferde ihre Rangordnung nicht beim gemeinsamen freien Auslauf klären können, spielt sich mit der Zeit eine Hackordnung unter ihnen ein. Typische Beispiele dafür sind die Tatsache, dass nicht alle Pferde gut und gerne an der Spitze der Reitabteilung gehen, andere wieder ungern hinten oder auch nur hinter ganz bestimmten Pferden.

Andererseits ist es gerade das Herdenverhalten der Pferde, genauer gesagt, die natürliche Neigung der Pferde, in einer festen Ordnung hintereinander herzulaufen, die dem Anfänger beim Reiten in der Abteilung die Kontrolle über Weg, Gangart und Tempo des Pferdes erheblich erleichtert.

> **Gut zu wissen**
>
> **Es dient der Sicherheit, wenn Schulpferde Koppel oder Paddock teilen und so ihre Rangordnungsstreitigkeiten außerhalb der Reitstunden verbindlich klären können.**

*Immer der Reihe nach entsprechend ihrer natürlichen Rangordnung ziehen die Islandpferde durchs Wasser.*

*Immer der Reihe nach richten sich die Schulpferde nach Weg, Gangart und Tempo des Vorderpferdes.*

## Antwort in der Pferdesprache

*Erfahrene Ausbilder beobachten das Sozialverhalten ihrer Schulpferde genau und richten sich bei Gruppenaufgaben – etwa beim Reiten in einer rangierten Abteilung oder der Bildung von Zweiergruppen bei einem Ausritt – nach der Rangordnung und Verträglichkeit der Pferde.*

Insbesondere beim Reiten in freier Natur, wo die Pferde deutlichere Instinktreaktionen zeigen als bei den immergleichen Runden um die ganze Bahn in der Reithalle, treten auch Ehrgeiz und Rivalität der Pferde mehr zutage.

*Immer der Reihe nach bilden die Pferde auf dem Wanderritt eine natürliche Herde.*

- **Zugehörigkeit zu einer stabilen Pferdegruppe**
- **Sichere Position in der Herde**
- **Kontakt zu vertrautem, befreundetem Pferd**
- **Möglichkeit zur Klärung offener Fragen in der Rangordnung**
- **Sicherheitsabstand zu fremden Pferden**
- **Neben befreundetem Pferd herlaufen**

- **Ungeklärte Rangordnungskonflikte**
- **Beständig wechselnde Pferdegesellschaft, kein vertrauter Kontakt**
- **Mangelnder Sicherheitsabstand**
- **Zurückbleiben hinter rangniederem Pferd**
- **In Imponierhaltung entgegenkommendes ranghohes Pferd**
- **Verlust eines vertrauten Gefährten**

- **Allein bleiben, wenn vertrautes Pferd verschwindet**
- **Artgenosse in Panik in Sicht- und/oder Hörweite**

# Kontrolle ist gut, Vertrauen ist unverzichtbar – wenn sie Menschen begegnen

## Unterhaltung ist unvermeidlich

*Tiere reden mit den Augen oft vernünftiger als Menschen mit dem Mund.*
LUDOVIC HALEY

Jeder, der sich einem Pferd nähert, beginnt ein Gespräch — ob er (oder sie natürlich) schweigt oder spricht, ob er oder sie will oder nicht, ob er oder sie sich dessen bewusst ist oder nicht. Missverständnisse zwischen Mensch und Pferd kommen nicht nur daher, dass wir das Verhalten von Pferden nicht deuten können — sie rühren genauso oft daher, dass wir unsere eigene Körpersprache nicht wahrnehmen.

Wer sich mit den Gedanken ganz woanders, unter Stress oder dem Eindruck eines Streites, im Bann ungelöster Probleme oder grübelnd über berufliche Herausforderungen einem Pferd nähert, kann nicht auf einen begeisterten Empfang hoffen. Denn der berufliche oder private Druck hinterlässt deutliche Spuren in unserer eigenen Körperhaltung, in der Bewegungssprache, im Muskeltonus, in der Mimik und Gestik. Ein Pferd liest darin wie in einem offenen Buch, freilich oft, ohne den Inhalt in seinem ursprünglichen Zusammenhang zu verstehen. Pferde reagieren sensibel auf Stress und beziehen die unterschwelligen Botschaften — wie sollte es auch anders sein — auf sich selbst. Je nach Temperament, Charakter und — ganz wichtig — guten oder schlechten Erfahrungen reagieren sie irritiert, desinteressiert oder gar aggressiv.

Aufmerksamkeit und Vertrauen des Pferdes sind keine einseitige Vorleistung, sondern beruhen auf Gegenseitigkeit. Pferde wollen sich sicher fühlen — auf diesen Nenner lässt sich das gesamte von der Natur mitgegebene Pferdeverhalten bringen. Die Überlebensfähigkeit der friedliebenden Pflanzenfresser wird in der freien Natur gesichert durch sensible Wahrnehmung, schnelles Reaktionsvermögen und geschickte Anpassung an die jeweilige Situation. Hektik, Stress oder gar Angst in ihrem direkten Umfeld signalisieren ihnen mögliche Unannehmlichkeiten.

So manches altgediente Schulpferd, das in seinem Alltag weitaus mehr mit unvermeidlicher menschlicher Unsicherheit und Angst konfrontiert wird als seine Artgenossen, entwickelt mit der Zeit regelrechte Aggressionen gegen ängstliche Neulinge im Umgang mit dem Pferd.

*Der Typ ist irgendwie suspekt!*

*Was heißt tapfer sein? Nicht alles gleich persönlich nehmen.*
HEINRICH MANN

*Freundliche Erwartung auf beiden Seiten …*

*… endet in einer freundschaftlichen Begrüßung.*

*Ungeschickte Annäherung provoziert Unsicherheit.*

## Gut zu wissen

**Trösten Sie sich, wenn Ihnen als Anfänger eine Ablehnung des Pferdes entgegenschlägt: Das ist nicht persönlich gemeint. Versuchen Sie, so schnell wie möglich im Umgang mit Pferden „fit" zu werden — Übung macht auch hier den Meister!**

### Hand an Nase

Pferde begrüßen einen Neuankömmling mit der Nase, wir Menschen begrüßen einen Neuankömmling mit Stimme und ausgestreckter Hand. Die Kombination aus beidem ergibt die typische Begrüßung zwischen Zwei- und Vierbeiner: Menschenhand an Pferdenase. Gehen Sie seitlich von vorn an das Pferd heran. So bieten Sie ihm die Chance, Sie — notfalls durch ein leichtes Drehen des Kopfes — mit beiden Augen zugleich und damit scharf wahrzunehmen. Sprechen Sie rechtzeitig mit dem Pferd, um sicherzustellen, dass es Ihr Kommen gehört hat. Warten Sie die Reaktion des Pferdes ab, falls Sie den Eindruck haben, dass seine Aufmerksamkeit gerade auf irgendetwas ganz anderes gerichtet ist.

Unerwartete Berührungen und Annäherungen aus dem toten Winkel (siehe Abbildung Seite 33) können ein Pferd nicht nur irritieren, sondern auch instinktive Abwehrreaktionen hervorrufen. Selbst bei sehr menschenfreundlichen Pferden funktionieren Reflexe wie das Ausschlagen mit den Hinterbeinen — mit möglicherweise fatalen Folgen für jemanden, der sich in Reichweite befindet.

> ## Antwort in der Pferdesprache
> *Bewegen Sie sich in der unmittelbaren Nähe des Pferdes ruhig und vermeiden Sie schnelle und heftige Bewegungen, vor allem in Richtung auf das Pferdeauge.*

### Vertrauen schaffen

Wer ein Pferd streichelt, führt, putzt oder sattelt, bewegt sich innerhalb der kritischen Distanz des Pferdes. In diesem Bereich duldet ein Pferd in der Regel nur befreundete Tiere, die Stute ihr Fohlen oder den Sexualpartner. Vor aggressiven ranghöheren Tieren weicht ein Pferd aus, rangniedere Tiere duldet es, scheucht sie aber bei allen Gelegenheiten, in denen es um eigene Vorteile geht, gnadenlos weg.

Machen Sie sich klar, welche Rolle Sie für Ihr Pferd spielen wollen: ein ranghohes, aber freundlich gesinntes Lebewesen. Ein Pferd soll Ihnen vertrauen — also verstehen, dass Sie nicht feindlich gesinnt sind, dass von Ihnen keinerlei Bedrohung ausgeht. Auf der anderen Seite müssen Sie die Rolle des Ranghöheren einnehmen, wenn Sie selbst auf der sicheren Seite sein wollen.

*Die beiderseitige „Chemie" muss stimmen.*

Akzeptiert das Pferd Sie nicht als ranghöher, wird es im Zweifelsfall — also zum Beispiel dann, wenn es gegen seine Instinkte handeln soll — nicht auf Sie hören. Da wir von Pferden aus Sicherheitsgründen sehr oft verlangen müssen, gegen ihre Instinkte zu handeln (zum Beispiel nicht mit jedem Pferd in Sichtweite als Erstes die Rangordnung zu klären oder vor jedem unbekannten Eindruck Reißaus zu nehmen) ist der mangelnde Respekt eines Pferdes kein Kavaliersdelikt. Denken Sie an das Verhalten eines Pferdes in der Herde: Den nonverbalen Anweisungen der Leitstute wird fraglos Folge geleistet, weil die übrigen Pferde ihr vertrauen. Auch der Leithengst hat es nicht nötig, permanent Druck auf die anderen Herdenmitglieder auszuüben, um sich deren Gefolgschaft zu sichern; es ist gerade das Kennzeichen seiner Position, dass sein Führungsanspruch nicht andauernd infrage gestellt wird.

*Herrschsucht ist missglücktes Führertum.*
Sprichwort aus Deutschland

Machen Sie, auch wenn Sie freundlich sein wollen, nicht den Fehler, ihr Pferd stets wie einen guten Kumpel zu behandeln. Im Zweifelsfall haben Sie den größeren Überblick und müssen für beide eine eindeutige Entscheidung treffen — dann ist es mit der Gleichberechtigung schnell vorbei. Auf den Respekt eines Pferdes können Sie nur pochen, wenn Sie ihn sich zuvor verdient haben — durch sichere Autorität. Durch Wut- oder Trotzreaktionen im Fall eines Konfliktes verspielen Sie diese Autorität unter Garantie.

## Der Boss bleiben

Ist die Rangordnung zwischen Mensch und Pferd nicht geklärt, wird das Pferd sie im Zweifelsfall zu klären versuchen — zu seinen Gunsten. Ein Pferd, das Sie beständig zwickt oder herumzappelt, sich nicht ohne Widerstand führen oder ohne Gegenwehr putzen lässt, ist nicht nur schlecht erzogen, sondern eine potenzielle Gefahrenquelle. Wehe, wenn ein Pferd nicht von vorneherein — das heißt durch seine Erziehung von Geburt an — Hemmungen erworben hat, sich mit einem Menschen anzulegen: Im direkten Kräftevergleich zwischen Pferd und Mensch hat der Sieger immer vier Beine.

Das wichtigste Kennzeichen natürlicher Autorität gegenüber ist die Ausstrahlung der sicheren Erwartungshaltung, dass ein Pferd genau das tut, was von ihm erwartet wird. Diese „Ausstrahlung" entsteht aus dem Zusammenspiel sich ergänzender Faktoren. Dazu gehören sichere Kommandos, geübte Handgriffe, Kenntnis der gewohnten Abläufe, selbstsichere Körperhaltung und Bewegungssprache, gelassene Stimme, Übersicht in kritischen Situationen und ein klarer Umgang mit mangelnder oder aufsässiger Reaktion des Pferdes. Eine souveräne Position gegenüber einem Pferd ist nur dann möglich, wenn man keine „unvernünftigen" Forderungen stellt, sondern in Kenntnis der Instinkte des Pferdes so vorausschauend und umsichtig handelt, dass man dem Pferd möglichst wenig Anreiz und Gelegenheit zu Widerstand und Ungehorsam bietet.

*Eine verlorene Schlacht lässt sich durch eine gewonnene wieder ersetzen. Eines lässt sich nicht mehr herstellen, wenn es einmal abgewiesen worden ist: die Autorität.*
Franz Grillparzer

## Gut zu wissen

**Wer seiner Sache in der Kommunikation mit einem Pferd (noch) nicht sicher ist, sollte sich keine Auseinandersetzungen zutrauen oder zumuten. Pferde lassen sich auch durch betont forsches Auftreten nicht über die spürbare Unsicherheit eines Zweibeiners hinwegtäuschen. Für den Einstieg in die Pferdesprache empfehlen sich moderate, kooperative vierbeinige „Gesprächspartner".**

So zeugt der Versuch, Pferden das spontane Fressen abzugewöhnen und von ihnen zu verlangen, erst auf Kommando den Verlockungen eines in Reichweite stehenden Futtereimers nachzugehen, von wenig (um nicht zu sagen gar keiner) Pferdekenntnis. Einen Hund — also einem Raubtier, das auch in der freien Wildbahn ein Gelegenheitsfresser ist — kann man lehren, Futter erst dann anzurühren, wenn er die Erlaubnis dazu hat. Im Rudel würde es ihm nicht anders ergehen. Ein Pferd dagegen, das als Pflanzenfresser viele Stunden am Tag mit Nahrungsaufnahme verbringt, frisst instinktiv, wann immer die Gelegenheit dazu sich bietet. Der Test „Wer ist der Boss?" in Sachen Futter lässt sich anders durchführen: Nur von einem ranghöheren Zweibeiner lässt ein Pferd sich vom Futter, gar vom begehrten Kraftfutter, wegführen. Diese Probe kann schnell zum Ernstfall werden, wenn man ein Pferd reiten möchte und dabei mit den Futterzeiten im Stall kollidiert. Intensive Arbeit direkt nach der Aufnahme von Kraftfutter kann bei Pferden zu Koliken führen.

*Auch ohne Halfter und Führstrick orientiert sich dieses Pferd in der Box völlig an seiner jungen Reiterin.*

Wie in vielen anderen Eigenschaften unterscheiden sich Pferde auch ganz erheblich in der Bereitschaft, den Menschen in allen Lebenslagen als Boss zu akzeptieren. Die Kommunikation mit solchen anpassungsbereiten Pferden ist weniger von Missverständnissen und Störungen bedroht.

### Aufmerksamkeit muss sein

Ignorier mich nicht nochmal!

Für viele Pferde bietet die tägliche Arbeit die größte Abwechslung in ihrem Tagesablauf. Sie fordern Aufmerksamkeit regelrecht ein, und das nicht nur von ihrem ständigen Pfleger oder Reiter, sondern von jedem Zweibeiner in Sichtweite. Gehen Sie nie achtlos dicht an einem Pferd vorbei. Die Reaktion des Pferdes könnte Sie unangenehm überraschen ...

Pferde langweilen sich in ihren Boxen. Ansprache und Beschäftigung durch den Menschen muss ihnen ersetzen, was beim Leben in der Herde die dauernde Kommunikation mit Artgenossen bieten könnte. Das Kommunikationsbedürfnis ist individuell unterschiedlich, aber die meisten Pferde reagieren positiv auf jeden freundlichen Kontakt.

## Misserfolg

Es ist kein Zufall, dass unter den vierbeinigen Fotomodellen für dieses Buch mehrere erfahrene Schulpferde und –ponys auftreten. Im Schulbetrieb sammeln Pferde viel mehr Erfahrungen mit den unterschiedlichsten Zweibeinern als Pferde im Privatbesitz. Schulpferde, die sich mit Anfängern im Reitsport verständigen müssen, lernen – der Not gehorchend – sich oft überdeutlich auszudrücken.

So war es kein Problem, die Pferde und Ponys vor der Kamera zu entsprechenden „Äußerungen" in Mimik und Körpersprache zu veranlassen. Mit einer Ausnahme: Elliot spielte nicht mit. Die Seniorin im Schulbetrieb hat es längst gelernt, sich auch mit weniger erfahrenen Reitern bestens zu arrangieren. Sie macht unter dem Sattel Dienst nach Vorschrift, fordert im Ungang allerdings Respekt und Zuwendung ein. Eines kann die ranghohe Pferdedame allerdings übehaupt nicht leiden: dass man sie nicht beachtet. Jeder, der sich ihr freundlich zuwendet und sich intensiv mit ihr beschäftigt, findet vor ihren Augen Gnade. Aber wer achtlos dicht an ihrer Box oder ihrem Anbindeplatz vorbeigeht, erntet zuverlässig angelegte Ohren und manchmal sogar einen gezielten Biss.

So hegte ich nicht den geringsten Zweifel daran, dass Elliot auch vor der Kamera ihr herrisches Gehabe zeigen würde – aber weit gefehlt. Selbst Provokationen wie ein zugewandter Rücken – hier auf dem Foto zu sehen – konnten Elliots gute Laune nicht beeinträchtigen. Es gelang uns nicht, ihr auch nur einmal ein Anlegen der Ohren zu entlocken. Freundlich und geduldig präsentierte sie sich dem Auge der Kamera: Der Fotograf in Sichtweite verhieß ihr offensichtlich die so sehr geschätzte Aufmerksamkeit ...

Ein abgewandter Rücken signalisiert Missachtung – nur die offensichtliche Beachtung durch den Fotografen hinderte die Stute daran, diese Provokation gebührend zu beantworten.

### Antwort in der Pferdesprache

Es gehört zu den Grundregeln der Höflichkeit, seinen Gesprächspartner anzuschauen und sich auf das Gespräch zu konzentrieren. So sollten Sie bei jeder Begegnung mit einem Pferd von Beginn der ersten Annäherung an mit voller Konzentration bei der Sache sein und das Pferd stets im Auge behalten.

## In unmittelbarer Nähe des Pferdes

*Selbstvertrauen ist die Quelle des Vertrauens zu anderen.*
FRANCOIS DE LA ROCHEFOUCAULD

Wie wenig selbstverständlich es ist, dass Menschen permanent in einen Bereich eindringen, in dem ein Pferd ansonsten nur vierbeinige Vertraute duldet, zeigen manche Pferde deutlich. Sie legen dann einmal blitzschnell die Ohren an, bevor sie den Ankömmling dann doch freundlich begrüßen. Diese symbolische Drohgeste kann man getrost ignorieren — gerade das Selbstvertrauen eines Menschen hilft dem Pferd, die Situation zu klären und sich sicher zu fühlen.

### Gut zu wissen

**Starren Sie dem Pferd nicht ins Auge. Raubtiere bändigt man Auge in Auge — ein Fluchttier fühlt sich durch Anstarren bedroht.**

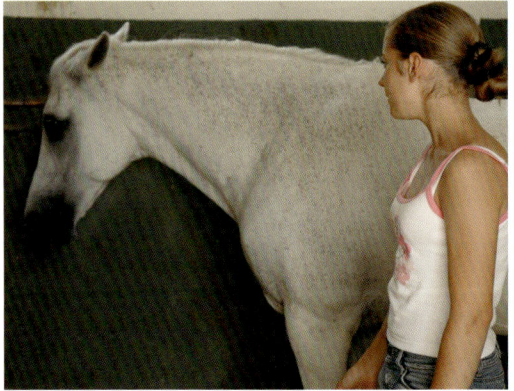

*Achtung, du kommst mir zu nahe!*  *Freund(in) in Sicht*

Bewegen Sie sich in der Nähe eines Pferdes stets ruhig und vermeiden Sie hektische Bewegungen, die ein Pferd stets als „Erschrecken" und damit als Grund für eigene Angst wertet. Bleiben Sie trotzdem dicht am Pferd — wer sich über einen längeren Zeitraum im Grenzbereich der kritischen Distanz aufhält, verunsichert ein Pferd. Sie signalisieren unabsichtlich die Botschaft: „Ich bin mir nicht sicher, ob du meine Nähe duldest!". Es könnte sein, dass Sie ein ranghohes Pferd damit zu einer abschlägigen Antwort ermutigen.

Ganz abgesehen davon sind Sie dicht am Pferd sicherer. Die Waffen der Pferde, besonders die schlagkräftigen Hinterbeine, sind so ausgelegt, dass sie einen Eindringling im Grenzbereich der kritischen Zone mit der größten Kraftentfaltung treffen. Wer dicht am Pferd steht, wird — wenn überhaupt — nicht mit voller Wucht von einem Pferdehuf getroffen.

### Antwort in der Pferdesprache
*Behalten Sie nicht nur die Hufe und den Kopf, sondern auch den Schweif des Pferdes im Auge. Mit Schweifschlagen wehren sich Pferde gegen Insekten, aber auch gegen Kitzeln (Putzen am Bauch). Pferdefreunde werten diese reflektorische Abwehr nicht als Angriff oder gar Grund für eine Strafe!*

Innerhalb der kritischen Zone ist die sicherste Position dicht neben der Pferdeschulter. Pferde haben einen ziemlich großen Aktionsradius mit allen vier Beinen. Die schlagkräftigen Hinterbeine können nach hinten, nach vorne und zur Seite bewegt werden. Aber mit ihren Vorderbeinen können Pferde weder rückwärts noch seitwärts nach außen ausschlagen.

Solange Sie sich in Reichweite der Waffen des Pferdes — vor allem der Hufe — aufhalten, müssen Sie sicherstellen, dass das Pferd stets weiß, wo Sie sind. Das gilt beim Füttern in der Box ebenso wie beim Umgang mit dem Pferd am Putz- oder Waschplatz. Die sicherste Botschaft geben Sie mit Ihrer Hand: Lassen Sie eine Hand am Pferd, wenn Sie — zum Beispiel in der Box — auf die andere Seite wechseln und keinen Sicherheitsabstand einhalten können.

*Unterm Pferdehals durchkriechen – dabei bleibt eine Hand am Pferd.*

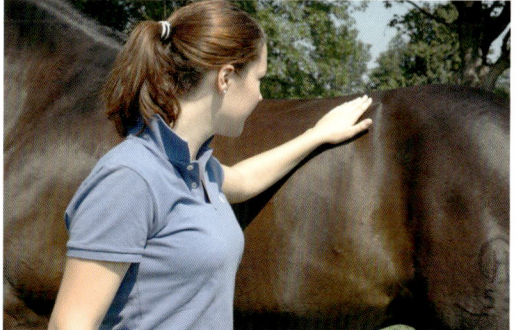

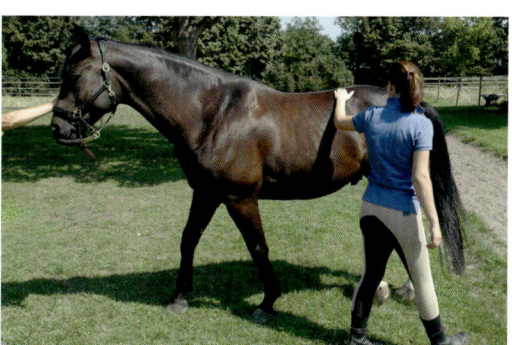

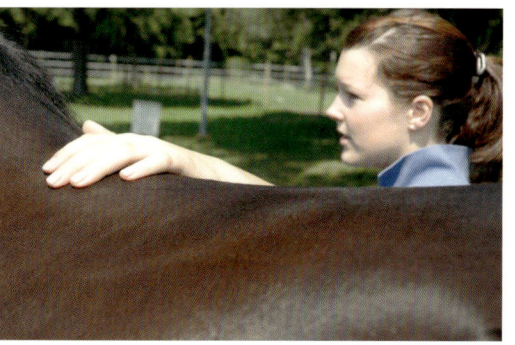

*Um das Pferd herumgehen in Reichweite der Hinterbeine ist keine Selbstverständlichkeit. Der gleichmäßige Kontakt mit einer Hand stellt für das Pferd eine vertraute Situation her.*

# 6

## Wie man in den Wald hineinruft ...

„Sage mir, wie du sprichst, und ich sage dir, wer du bist", könnte es in der Reiterwelt in Abwandlung eines berühmten Zitates heißen. Die Sprache, genauer gesagt die Sprechweise, mit der sich Besitzer oder Reiter einem Pferd nähern, ist höchst aufschlussreich für das gegenseitige Verhältnis. Von Babysprache bis zu ständigem Nörgeln, von Kosenamen bis zu Schimpfwörtern sind alle Varianten vertreten. Liebesschwüre und Beschimpfungen sind dabei die zwei Kehrseiten der gleichen Münze: fehlende Distanz und nicht genügend Respekt gegenüber dem anderen, fremden Lebewesen, das nach ganz anderen Gesetzmäßigkeiten reagiert als wir Menschen.

Sie hatte nie Kinder

Es ist gelegentlich erschreckend zu beobachten, wie heftig die ganze Bandbreite enttäuschter Gefühle Pferden entgegenschlagen kann: von Wut bis Eifersucht, von Enttäuschung bis zum Wunsch, Gleiches mit Gleichem zu vergelten. Manche Darstellungen von Pferdebesitzern (und -besitzerinnen) hören sich exakt so an wie Neuigkeiten aus der jeweiligen „Beziehungskiste".

*„Komm gefälligst her!", signalisiert diese Ponystute unmissverständlich; wer sich zum emotional gefärbten „Streit" mit einem so dominanten Pferd hinreißen lässt, läuft Gefahr, den Kürzeren zu ziehen.*

### Antwort in der Pferdesprache
**Pferdefreunde analysieren Krisen mit dem eigenen Pferd im Kopf statt im Bauch. Wenn ein Blick mit Abstand auf die Probleme nicht möglich ist oder das eigene Wissen nicht ausreicht, suchen sie kompetenten fachlichen Rat.**

Alle inhaltlichen Argumente — seien sie freundlicher, unfreundlicher oder sachlicher Natur — sind an Pferde schlicht verschwendet. Sie reagieren allerdings sensibel auf den Tonfall und die damit verbundenen unterschwelligen Botschaften und „antworten" entsprechend. An der Stimme orientiert sich das Pferd, an der Stimme erkennt es die vertraute Bezugsperson.

### Die schönste Geschichte

*Zu meinen Aufgaben als Verlagslektorin gehörte es vor Jahren, die Manuskripte für einen Geschichtenwettbewerb zum Thema „Pferd" zu sichten. Vier dicke Ordner voller schriftstellerischer Ergüsse kamen zusammen. Ich teilte die gelesenen Texte in drei Stapel auf: „ganz unmöglich", „noch einmal prüfen" und „brauchbar". Der erstgenannte Stapel wuchs in kürzester Zeit in Schwindel erregende Höhe. Hier häufte sich geradezu folgende Story: Junge Reiterin sucht nach eigenem Pferd – findet Pferd/Pony, das nach vernünftigen Argumenten nicht zu ihr passt, aber Sympathie auslöst – Pferd begrüßt Reiterin bei der zweiten Begegnung durch Brummeln, Wiehern, Schnauben etc. – Reiterin ist gerührt und kauft Pferd. Der Rest der Geschichten bestand in nicht ungefährlichen Abenteuern, die vermeidbar gewesen wären, hätten die jungen Autorinnen nur etwas weniger romantische Vorstellungen und etwas mehr Sachkenntnis gehabt.*

Ein Hund, der einmal an der Hand eines Menschen geschnüffelt hat, erkennt diesen Geruch zweifelsfrei wieder. Bis ein Pferd eine Stimme zweifelsfrei „kennt", muss man sich weitaus mehr anstrengen. Es kann Monate, manchmal Jahre dauern.

### Bleib liegen!

*Mein erstes eigenes Pferd war ein schwieriger Trakehner Wallach, dessen Vertrauen sehr schwer zu erringen war. Ich hatte ihn in den Ferien einmal in einem fremden Stall untergebracht, der direkt neben dem Wohnhaus lag, in dem ich zu Gast war. Eines Mittags kamen Mädchen aus dem Stall höchst aufgeregt zu mir gelaufen – der Wallach hatte sich in der Box festgelegt. Ich stürmte die Treppen hinunter und hörte schon auf halber Strecke das Toben aus dem Stall. Vor meinem inneren Auge lief in Blitzgeschwindigkeit ein Film mit all den Verletzungen ab, die ein Pferd sich bei solchen Manövern zuziehen kann. Noch in der offenen Haustür schrie ich hilflos seinen Namen: „Ginster! Bleib liegen!" Wie durch Zauberhand abgestellt brachen die Furcht erregenden Geräusche aus dem Stall schlagartig ab. Die Mädchen, die vor der Box gestanden hatten, beobachteten, dass der Trakehner in dem Augenblick, in dem er meine Stimme erkannt hatte, seine Beine steif von sich streckte und ergeben auf meine Hilfe wartete.*

Am leichtesten schließen sich junge Pferde an ihren Betreuer und Reiter an, denn sie suchen zu Beginn der aufregenden und manchmal auch beängstigenden Ausbildung besonders intensiv nach sicherer Orientierung. Die Tatsache, dass sich junge Pferde schneller und deutlicher auf eine neue Bezugsperson einlassen, hat schon viele unerfahrene Pferdekäufer zur Anschaffung eines jungen Pferdes verleitet. Wer es noch nicht erlebt hat, kann sich kaum vorstellen, wie schnell das zutrauliche junge Tier mit Misstrauen und Gegenwehr reagiert, wenn die Verständigung nicht klappt. Aber Pferde wehren sich gegen Grobheit.

*Druck erzeugt Gegendruck.*
AUS DEUTSCHLAND

Die Enttäuschung, wenn das heiß geliebte Pferd dann doch nicht tut, was man von ihm erwartet, ist umso größer. Nichts provoziert soviel Wut und Aggression wie eine verpatzte Beziehung ...

Dasselbe Pferd, das bei freundlicher, selbstsicherer und fachgerechter Annäherung eines Menschen der leisesten Handbewegung Folge leistet, lässt sich durch derben Körperkontakt keineswegs zur Kooperation zwingen.

*So nicht: Diese grobe Aufforderung, seitlich herumzutreten, provoziert Widerstand. Das Pony lehnt sich regelrecht dagegen.*

### Antwort in der Pferdesprache

**Wer sich einem Pferd gegenüber souverän verhalten kann – also die Pferdesprache richtig interpretiert und die adäquate Reaktion parat hat, kann sich am schnellsten bei einem Pferd Respekt verschaffen. Nachgiebigkeit und Grobheit sind die beiden Kehrseiten derselben Münze in der Währung „Unsicherheit".**

*Zwei, die sich mögen ...*

### Willst du mein Freund sein?

Wie eine große Marktforschungsstudie im Auftrag der Deutschen Reiterlichen Vereinigung aus dem Jahr 2000 ergeben hat, ist die Freundschaft zum Pferd, möglichst zum eigenen, eine mindestens so große Motivation für die Beschäftigung mit unseren größten Haustieren wie die Liebe zum Reitsport. Nicht nur Mädchen in der Pubertät träumen vom blinden Vertrauen und der vollkommenen Harmonie zwischen Mensch und Pferd.

Eine erfolgreiche Partnerschaft zwischen Mensch und Pferd setzt eine gelungene Mischung von „Bauch" und „Kopf" voraus: Die Chemie zwischen beiden muss stimmen, damit die ersehnte Harmonie den Praxistest bestehen kann. Freundschaftlicher Körperkontakt zum Beispiel ist nicht mit jedem Pferd möglich, ohne dass entweder der Mensch seine sichere Führungsrolle einbüßt oder die Zuwendungen von Seiten des Pferdes (freundlich gemeintes Beknabbern) Löcher in der Kleidung und blaue Flecke auf der Haut hinterlassen. Wer von seinem Pferd gar als willkommener Pfosten zum Scheuern angesehen wird, hat ein Stück seiner Autorität schon verspielt.

  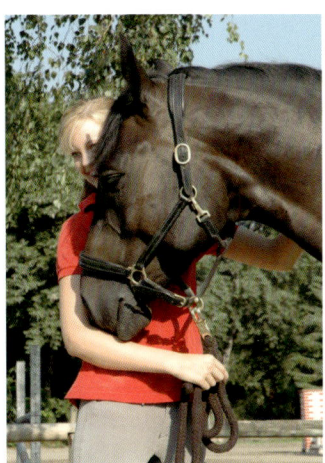 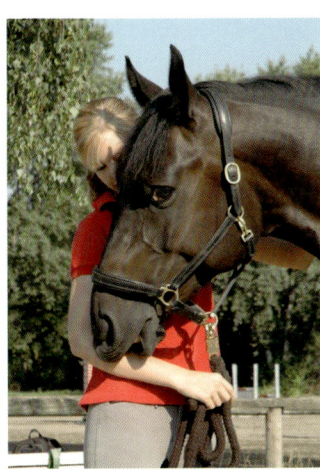

*Eine so zarte freundschaftliche Annäherung eines Pferdes ist durchaus nicht selbstverständlich – aber ein schöner Vertrauensbeweis.*

### Geht die Liebe durch den Magen?

Diese Frage lässt sich mit einem klaren "Jein" beantworten. Selbstverständlich sind Pferde kleinen Bestechungseinheiten in Form von Leckerbissen nicht abgeneigt, aber die Liebe gilt dem Futter mehr als dem, der es anbietet. Der verständliche Wunsch vieler Pferdeliebhaber, sich die Gunst ihrer vierbeinigen Freunde durch Belohnungsfutter zu sichern, ist nicht unproblematisch. Natürlich funktioniert die Futtergabe beim Einüben von Kunststückchen — aber auch hier wird das Kunststück dem Leckerbissen zuliebe ausgeführt. Die Bestechlichkeit durch Futter mit einem Liebesbeweis zu verwechseln, gehört zu den beliebtesten Missverständnissen zwischen Mensch und Pferd.

Aus der Hand gefütterte Leckerbissen können erheblichen Futterneid auslösen, auch bei unbeteiligten Nachbarpferden. Daher wird die Verteilung von Leckerbissen außerhalb der Futterzeiten in vielen Ställen nicht gern gesehen.

Das Futterbetteln, ein erregtes Scharren in Erwartung kommender Genüsse, ist eine Angewohnheit, die rasch angenommen und nur schwer wieder abgelegt wird. Um Pferdehufe und -beine und damit verbunden die Nerven der Besitzer nicht unnötig zu strapazieren, sollte den Pferden möglichst wenig Anlass zum Betteln geboten werden. Findige Pferde versuchen schnell, Jacken- und Hosentaschen nach Mitbringseln abzusuchen — eine Angewohnheit, die unter Umständen mit Waschen und Flicken der entsprechenden Kleidungsstücke bezahlt werden muss. Sie lässt sich auch dann nicht abstellen, wenn man sich dem Pferd im sauberen Turnierdress nähert.

> ## Antwort in der Pferdesprache
> *Eine Belohnung nach getaner Arbeit – nicht aus der Hand, sondern aus der Krippe gefüttert – ist ein sinnvolles Ritual, mit dem man dem Pferd Anerkennung und Zuwendung zeigen kann.*

### Gut zu wissen

**Die einfachste „Bremshilfe" ist die erhobene, vor die Pferdeaugen geführte linke Hand. Dieses optische Signal „bis hierher und nicht weiter" wird von Pferden erstaunlich gut respektiert.**

## Komm, ich führe dich

Pferde werden regelmäßig mit größter Selbstverständlichkeit von einem Ort zum anderen geführt, ohne dass sie ihre große körperliche Überlegenheit gegen den Menschen ausspielen. Diese Tatsache verführt leicht dazu, fraglos vom sicheren „Funktionieren" dieser Spielregel auszugehen.

Doch selbst bei gehorsamen Pferden ist Aufmerksamkeit des Führenden angebracht. Wer den Pferdekopf stets im Blick hat, wird am Ohrenspiel, am Blick, an der veränderten Körperhaltung oder der Störung im Bewegungsrhythmus rechtzeitig ablesen können, wann das Pferd irritiert ist.

Auch der aufmerksamste Führer kann die Kontrolle über sein Pferd verlieren. Die Fluchtreaktion wird unter Umständen in Sekundenbruchteilen ohne Vorwarnung eingeleitet — auch eine schnelle menschliche Reaktion setzt dann viel zu spät ein. Deswegen lautet eine der Grundregeln für Unfallverhütung beim Führen, dass der Führende im Zweifelsfall loslassen können muss.

*Abb. 1: Korrektes Führen am Halfter*

*Abb. 2: Korrektes Führen mit der Trense*

### Gut zu wissen

**Wer ein Pferd führt, darf sich niemals Führstrick, Zügel oder Longe um die Hand wickeln.**

Aber auch Bewegungsfreude, Stallmut, Spieltrieb oder Konkurrenz-verhalten können ein Pferd dazu veranlassen, die Kontrolle des Menschen infrage zu stellen. Versucht ein Pferd beim Führen schneller oder in eine andere Richtung zu gehen als sein Führer das will, ist schnelles, energisches Stoppen am Führstrick (oder Zügel, Longe) verbunden mit entsprechender Körperhaltung und Stimme Ausschlag gebend. Der Druck oder Zug, der dadurch ausgeübt wird, darf sich freilich auf keinen Fall zum Dauerinstrument aus-wachsen — gewonnen hat man als Führer dann, wenn man keinen Druck mehr braucht. Um ein ungebärdiges Pferd unter Kontrolle zu bringen, eignen sich Dauerdruck (oder -zug) nicht; Druck er-zeugt nur Gegendruck. Reagiert ein Pferd nicht wie gewünscht, muss man mehrere energische Korrekturen am Führstrick aufeinan-der folgen lassen, dazwischen aber dem Pferd immer die Chance geben, die Anweisung zu befolgen.

*Warum machen wir eigentlich nie das, was ich will !?!*

Entscheidend ist hier der Faktor Sicherheit: Zu den unumstößlichen Regeln im Umgang gehört es, dass ein Pferd sich beim Entlassen in eine Box, einen Paddock, in die Halle zum Laufenlassen oder auf die Weide (mit einer Hand!) wieder zum Ein-gang umdrehen lässt und abwartet, bis Tür, Tor oder Zaun geschlossen sind. Hier ist konsequente Kontrolle gefragt — wenn nötig mit schärferen Instrumenten, also Führen mit Führkette oder Trense. Tobt ein Pferd zum Beispiel vom Koppeleingang weg unkontrol-liert los, gefährdet es jede Person in Reichweite. Was für das Pferd gilt, gilt auch für den, der es führt: Vom sicherheitsbewussten Verhalten darf es keine Ausnahme geben.

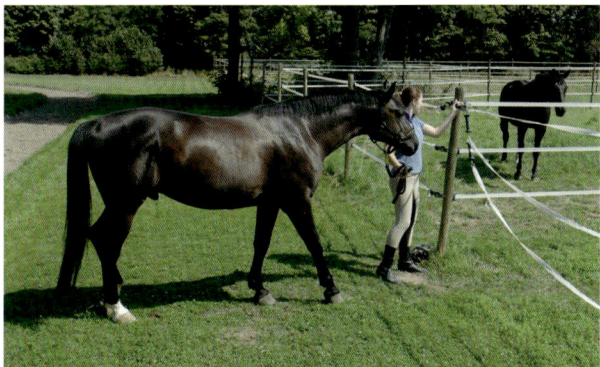

*Öffnen und Schließen eines Tores mit Pferd an der Hand ist immer ein kritischer Augenblick, der hier vorbildlich gemeistert wird.*

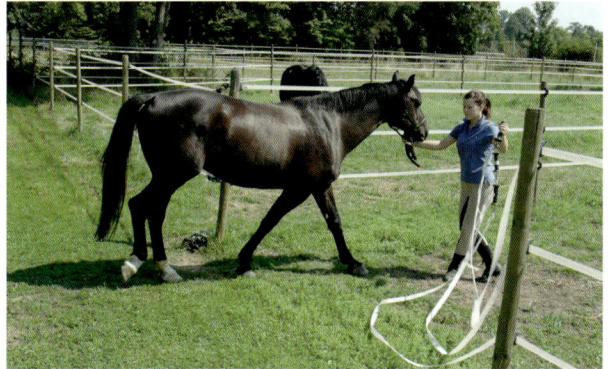

## Pferdepflege

Für ein Pferd ist es keine Selbstverständlichkeit, sich am ganzen Körper berühren zu lassen. Verantwortungsbewusste Züchter lehren ihre Fohlen, dass Anfassen etwas Angenehmes ist. Während manche Jungtiere allerdings schnell ihre Scheu vor Menschen verlieren, reagieren andere instinktiv mit Misstrauen auf die fremde Nähe. Die Unterschiede in der Hautsensibilität von Pferd zu Pferd sind ebenfalls groß: Während das eine schon bei jeder sich annähernden Fliege zuckt, nehmen andere selbst Berührungen der unangenehmen Art eher stoisch hin. Ganz wie bei uns Menschen gibt es unter den Pferden mehr oder weniger „kitzlige" Exemplare. Die sensiblen Körperteile sind entsprechend die Flanken und der Bauch, auch die Innenseite der Hinterbeine oberhalb der Sprunggelenke. Häufiger Streitpunkt ist auch das Putzen am Kopf.

*Eine freundliche, gelassene Atmosphäre beim Umgang mit Pferden schafft die besten Voraussetzungen für harmonisches Reiten.*

Jede Körperpflege bei Pferden hat neben dem Aspekt von Sauberkeit, Hygiene und Durchblutungsförderung als wichtigstes Ziel den vertrauensvollen Kontakt zwischen zwei Lebewesen. Bei der regelmäßigen Pflege kommen sich Pferd und Mensch ganz im wahrsten Sinne des Wortes näher, das vorbereitende Putzen vor der Reitstunde soll beide Partner positiv auf die kommende Arbeit einstimmen. Gerät Pferdepflege zur Auseinandersetzung, dann ist dieses so wichtige Ziel gründlich verfehlt.

### Putzen? – Nein danke!

Drei grundlegende Ursachen kommen als Ursachen für die Probleme beim Putzen infrage:
- Das Pferd hat Angst, ist die entsprechenden Handgriffe und Berührungen nicht gewöhnt oder fühlt sich am fremden Putzplatz nicht wohl. Dieser Fall lässt sich mit Ruhe, Geduld und Umsicht in aller Regel behutsam lösen. Die nötige Zeit und die Macht der Gewohnheit sind dabei gute Verbündete.
- Das Pferd nutzt jede Nähe zum Menschen für die bislang strittige Klärung der Rangordnung. Dieser Fall erfordert gründliches selbstkritisches Überprüfen des eigenen Umgangs mit dem Pferd. Kommen ernsthafte Zweifel daran an der Tatsache auf, dass man vom Pferd als Boss akzeptiert werden muss, ist kompetente Hilfestellung unerlässlich.

● Das Pferd hat schlechte Erfahrungen gemacht und erwartet einen Kreislauf von Angst und Strafe. Dieser Fall ist am schwierigsten zu lösen, denn schlechte Erfahrungen lassen sich bekanntlich nicht ausradieren, sondern nur durch gute Erfahrungen überdecken. Es kostet noch mehr Ruhe, Geduld und Umsicht, aber auch Kompromissbereitschaft und ein feines Gespür für die „Schmerzgrenze" des Pferdes. Lässt sich ein Pferd beispielsweise beim Putzen nicht anbinden, so macht es keinen Sinn, das Anbinden zu erzwingen. Jedes gewaltsame Reißen am Strick bestätigt die negative Erwartungshaltung des Vierbeiners. Andererseits kann man einem Pferd natürlich auch nicht erlauben, sich während des Putzens frei zu bewegen. Ein Kompromiss könnte es sein, das Pferd nur pro forma, also mit einem lose um die Anbindevorrichtung gewickelten Strick zu fixieren oder — wie in England generell üblich — zwischen Anbindering und Anbindestrick eine Sollbruchstelle einzufügen, also ein dünnes Bändchen, das bei einem Ruck des Pferdes sofort reißt.

### Schlachtreif

*Die bekannte Ausbilderin Linda Tellington-Jones, die durch ihre manuellen Techniken zur Massage und Entspannung bei Pferden bekannt geworden ist („TTouch"), erzählte mir davon, wie ihr bei einem Lehrgang einmal ein bedauernswertes Pferd auffiel, das in Sichtweite über den Hof geführt wurde. Der hübsche Vollblüter war völlig verspannt, machte ein schmerzverzerrtes Gesicht und konnte kaum einen Huf vor den anderen setzen. Linda erkundigte sich bei dem Besitzer, der das Pferd offensichtlich gerade verladen wollte, über dessen Probleme. Sie erfuhr, dass das Pferd seit mehr als einem halben Jahr in völliger Verspannung – sozusagen lahm auf allen vier Beinen – sei und kein Tierarzt die Ursache finden könne. Weil er sich keinen Rat mehr wusste, hatte sich der Besitzer entschlossen, das Pferd schlachten zu lassen.*

*Linda Tellington-Jones erbat sich zwei Stunden Zeit für das Pferd. Sie behandelte das Tier, bis es sich völlig entspannt am Schweif vorwärts-rückwärts schaukeln ließ. Danach führte sie es über den Hof, und siehe da: von Lahmheit keine Spur. Als Ursache für den erbärmlichen Zustand des Pferdes stellte sich schließlich die unsachgemäße Pferdepflege heraus. Der überaus hautsensible Vollblüter war täglich weiträumig am ganzen Körper mit einem harten Eisenstriegel traktiert worden.*

## Antwort in der Pferdesprache
**Putzen bietet die Chance zum Aufbau vertrauter Kommunikation mit dem Pferd. Es ist kein Zeichen von unangebrachter Nachgiebigkeit, sondern von überlegener Klugheit, dasjenige Werkzeug herauszufinden, mit dem der Sauberkeit und dem Wohlbefinden des Pferdes gleichzeitig Genüge getan wird. Der Markt für Artikel zur Pferdepflege ist übergroß...**

*Das Gähnen gilt als Zeichen der Entspannung.*

## Auf die Handgriffe kommt es an

Wie bei allen Arbeiten direkt am Pferd sind auch beim Putzen — Langhaarpflege, Hufpflege und Umgang mit Wasser inbegriffen — der sichere Standort und die korrekten Handgriffe ausschlaggebend. Daher macht es keinen Sinn, sich mit einem ungebärdigen und schlecht erzogenen Pferd anzulegen, bevor man selbst seiner Sache sehr sicher ist. Abgesehen davon, dass die richtige Technik Effizienz und Sicherheit miteinander verbindet, lernen auch Pferde mit der Zeit, wo und wie ein Mensch korrekt mit ihnen umgeht. Der Entschluss zu einem selbstbewussten, energischen Auftreten gegenüber dem Pferd reicht daher allein nicht aus, um ein Pferd in seine Schranken zu weisen.

Ein gutes Beispiel für die Bedeutung der sicheren Handgriffe ist das Aufheben der Hufe. Pferde haben viele Gründe dafür, das Aufheben der Hufe zu verweigern oder schwierig zu gestalten. Abgesehen davon, dass das Stehen auf drei Beinen dem Instinkt zur jederzeit möglichen Flucht entgegensteht, können sich junge Pferde oft noch schlecht beim Stehen ausbalancieren. Älteren, steifen Pferden fällt es dagegen schwer, die Gelenke der Hinterhand so anzuwinkeln, wie es für das fachgerechte Aufheben eines Hinterbeines nötig ist. Nur mit entsprechender Erfahrung und Verständnis für die individuelle Problematik des Pferdes wird es gelingen, das Aufheben der Hufe zu einer Selbstverständlichkeit werden zu lassen.

Alle wichtigen Techniken werden in qualifizierten Ausbildungsstätten vermittelt; wer sie lernen möchte, braucht praktische Übung unter Anleitung. Zu einer guten Reitausbildung gehört der Bereich Unterricht im Umgang mit dem Pferd untrennbar dazu.

*Foto links:*
*So wird ein Vorderhuf*
*angehoben ...*

*Foto rechts:*
*... und so ein Hinterhuf.*

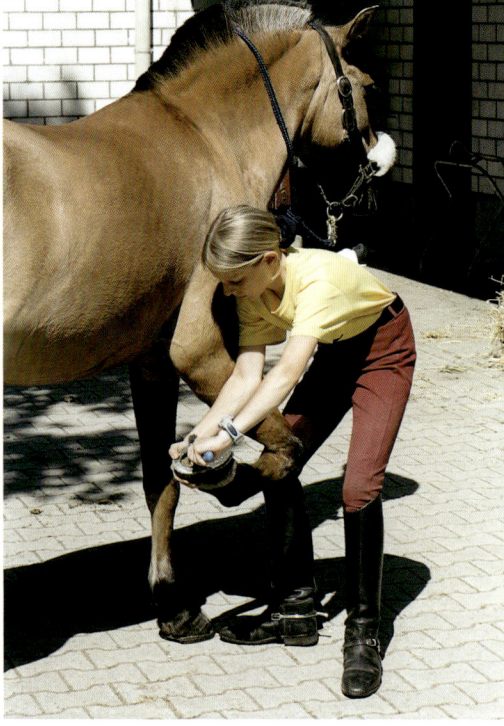

Das Aufheben der Hufe beim Schmied gehört zu den typischen Streitpunkten zwischen Zwei- und Vierbeinern. Für ein Fluchttier ist es generell von Nachteil, nur auf drei Beinen zu stehen: Abgesehen von der mühsamen Anstrengung, so das Gleichgewicht zu halten, dauert es viel länger, bis es im Zweifelsfall die Flucht ergreifen kann. Bessere Einsicht in die Notwendigkeit von Hufpflege kann man von einem Pferd nicht erwarten. Wer ein unwilliges Pferd aufhalten will, muss damit rechnen, dass es seinen Huf im Zweifelsfall blitzschnell wegzuziehen versucht. Bei der Entscheidung: „festhalten oder loslassen?" ist eine gute Mischung aus Körperkraft und Fingerspitzengefühl gefragt. Lässt man das Pferd bei jedem Versuch, die unangenehme Prozedur zu vermeiden, einfach gewähren, lernt es schnell, die Auseinandersetzung per Ziehkampf für sich zu entscheiden. Hat ein Pferd dagegen Angst, kann das gewaltsame Festhalten des Hufes panische Gegenwehr — unter anderem Ausschlagen mit aller Kraft — provozieren.

> Ich meine, es wäre angebracht, in dieser Situation zu kooperieren. Der Herr Hufschmied hat sich extra für dich Zeit genommen!

### So nicht!

*Eines meiner Pferde, ein verspielter junger Wallach, war beim Schmied nicht besonders ängstlich, aber etwas ungeduldig. Im Urlaub machten wir Bekanntschaft mit einem neuen Hufschmied, der seinen Job sehr ernst nahm. Er war offensichtlich noch nicht so lange im Beruf und benötigte entsprechend viel Zeit zum Ausschneiden, Aufbrennen und Nageln.*

*Der Wallach ließ den Beginn der Prozedur anstandslos über sich ergehen, wurde aber in den langen Phasen auf drei Beinen zunehmend ungeduldiger und unwilliger. Nach mehr als zweieinhalb Stunden Stillstehen waren alle alten Eisen abgenommen, die vier Hufe ausgeschnitten, ein neues Vordereisen komplett fertig und ein zweites zwar aufgenagelt, aber noch nicht festgenietet. Bis zu diesem Zeitpunkt hatte das Pferd seinen letzten Vorrat an Geduld erschöpft. Hatte es vorher nur gezappelt, gedroht und die Füße weggezogen, fing es jetzt an, den Helfer, der an seinem Kopf stand, regelrecht anzuspringen – obwohl es eigentlich angebunden war. Dabei ließ der Wallach ein Brüllen hören, das ich bislang nur als Kampfgeschrei von Hengsten gehört hatte. Die Kampfansage war überdeutlich.*

*Ich hisste die weiße Flagge, brachte das Pferd trotz des gefährlich losen Eisens in seine Box und hoffte auf Abkühlung des erhitzten Gemütes. Zwei Stunden später gab ich dem Pferd Beruhigungsmittel, damit der Schmied den Beschlag beenden konnte. In anderer Umgebung und mit einem flott arbeitenden Hufschmied machte das Pferd beim nächsten Beschlag keinerlei Schwierigkeiten. Die einzige schwierige Situation beim Beschlagen entstand, als das Pferd ein Jahr später ein Eisen verloren hatte und ich keinen anderen Schmied zum Aufnageln bekommen konnte als den langsamen Mann vom Vorjahr …*

## Im Störfall

**Gut zu wissen**

**Scheut ein Pferd, das angebunden ist, dann sollte man so schnell wie möglich den Anbindestrick lösen (daher die Sicherheitsvorschrift für einen Anbindeknoten, der sich mit einer Hand lösen lässt).**

Schreckreaktionen bei entsprechenden Außenreizen oder bei der Wiederkehr einer für das Pferd mit traumatischen Erinnerungen belasteten Situation lassen sich bei keinem Pferd ausschließen. Wichtig ist es, dass wenigstens der Mensch die Übersicht behält; gefragt sind klare und möglichst schnelle Reaktionen. Die grundlegende Strategie ist es, so schnell wie möglich sozusagen zur Tagesordnung, also zum Normalzustand, zurückzukehren. Scheut ein Pferd auf Sicht, vor Geruch oder Geräusch, so sollte man das Pferd an einer panischen Flucht hindern, ihm aber auch an der Hand die Chance geben, einen Sicherheitsabstand einzunehmen. Dann kann man das Pferd ermutigen, das Angst auslösende Objekt näher in Augenschein zu nehmen (mit beiden Augen gleichzeitig!) und wenn möglich zu beschnuppern. Auf diese Weise lassen sich die lästigen, aber unvermeidlichen „Gespenster" der Pferde am schnellsten entschärfen.

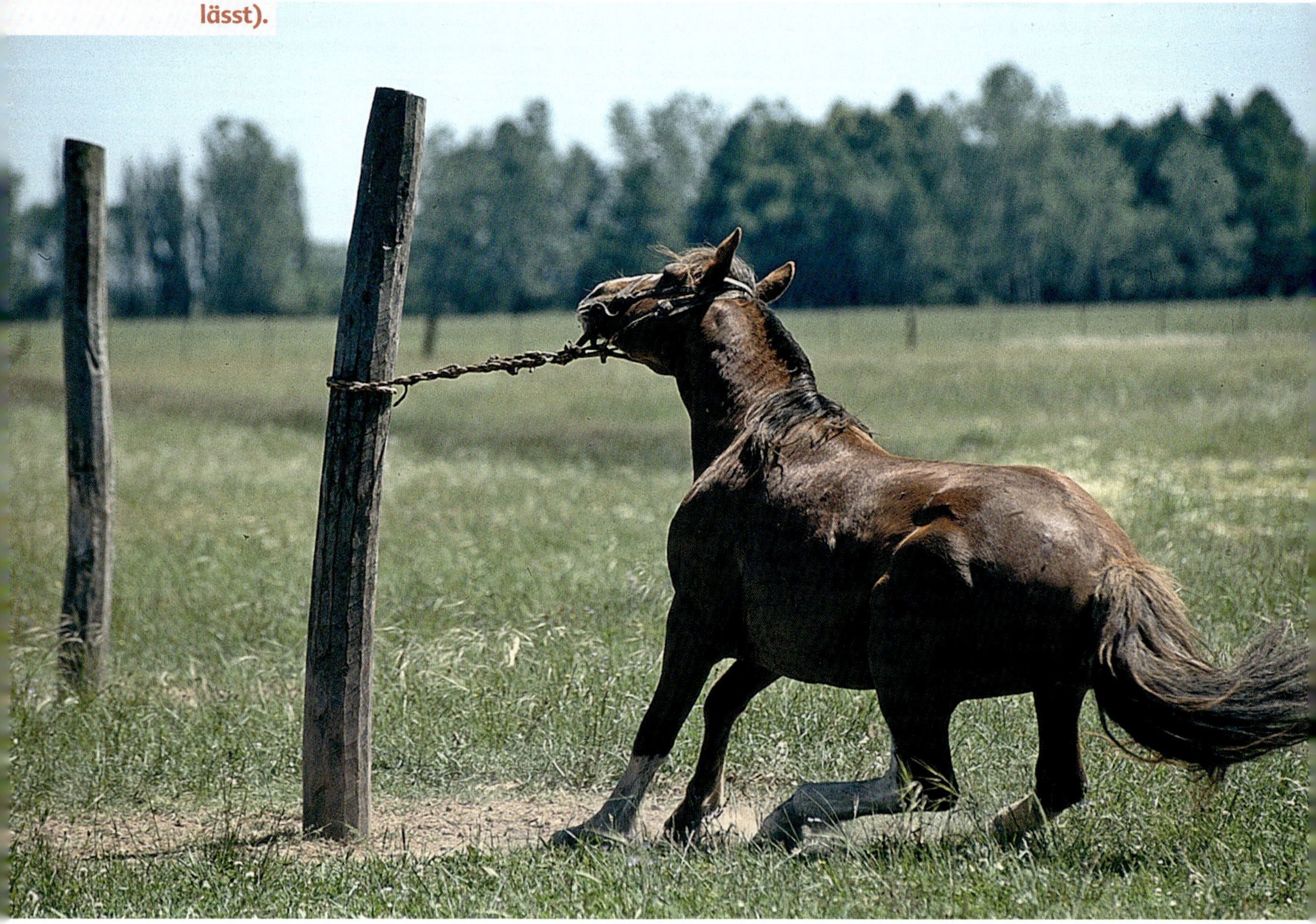

*Flüchten wollen, aber nicht können: So kann Panik entstehen.*

Hat das Pferd die Chance zum geordneten Rückzug, das heißt zum sicheren Abstand, wird es sich in den meisten Fällen beruhigen. Zieht es stattdessen mit aller Gewalt am Anbindestrick, kann es sich in Panik steigern, selbst schwer verletzen und unter Umständen das Anbinden künftig verweigern.

Kein Pferd wird je wie ein Automat reagieren oder wie eine Aufziehpuppe gehorchen. Auch das menschfreundlichste, bestens erzogene Pferd kann durch unvorhergesehene Umstände in Angst, Aufregung und Widerstand versetzt werden: Ein Rest „Tierrisiko", wie es im Versicherungsdeutsch unschön heißt, bleibt immer bestehen. Jeder, der mit Pferden umgeht, tut gut daran, diesen Rest nie zu vergessen und den Gehorsam eines Pferdes nie allzu selbstverständlich zu nehmen.

- **Beachtung durch Menschen**
- **Vertraute Stimme**
- **Ruhige, geduldige Begrüßung**
- **Souveräne Bezugsperson**
- **Freundlichkeit, Zuwendung, Lob**
- **Schnupperkontakt an der Hand**
- **Abwartende Haltung auf die Kontaktsuche des Pferdes**
- **Langsame, ruhige Bewegungen im Bereich der kritischen Zone**
- **Regelmäßige, strukturierte Abläufe im Umgang**

- **Hektik in unmittelbarer Umgebung**
- **Missachtung beim Vorbeigehen**
- **Unkonzentrierter, ungeordneter Umgang**
- **Aufgeregtheit und Angst von Menschen beim Umgang**
- **Inkonsequente Forderungen**
- **Betonte Härte im Umgang**
- **Ungeklärte Rangordnung gegenüber Menschen**

- **Angebundensein bei Angst und Fluchtinstinkt**
- **Grobheit, Anwendung körperlicher Gewalt**
- **Auslösen deutlicher Schmerzen**

111

# Training „on the job" – Pferde im Einsatz

## Zuchtziel Reitpferd

Vor 30 Jahren wurde in Deutschland als offizielles Zuchtziel der Warmblutzucht ein „deutsches Reitpferd" ausgerufen — die heutigen Pferde sind in der überwältigenden Mehrzahl zum Reiten bestimmt. Die Arbeit unter dem Sattel ist für das Gros der Pferde zum wichtigsten Argument für ihre Daseinsberechtigung geworden. Reine Arbeitspferde — etwa Kaltblüter als Rückepferde im Wald oder im repräsentativen Gespann vor dem Bierwagen — haben Seltenheitswert, und der Anteil der Kutschpferde, die nicht auch geritten werden, ist gering. Unter Züchtern kursieren Sprüche wie „vom Hengst geritten", beim Verkauf werden „Reitpferdepoints" angepriesen und „Rittigkeit" gilt als eines der entscheidenden Kriterien für die Beurteilung der Qualität eines jungen Pferdes.

Aber Pferde kommen immer noch nicht mit einem Sattel auf dem Rücken zur Welt. Selbst wenn die meisten in vergleichsweise kurzer Zeit lernen, einen Reiter auf ihrem Rücken zu dulden, ist diese Tatsache längst keine Selbstverständlichkeit.

*Ein Pferd im natürlichen Gleichgewicht: Den Reiter könnte man sich ganz einfach dazudenken.*

### Hilfe, Feind im Nacken

*Eine junge Stute, die einen Dülmener Wildhengst zum Vater hatte, erwies sich in der Arbeit als äußerst menschenbezogen, kooperativ und schnell begreifend. Das Anlongieren und das erste Aufsitzen brachten keinerlei Probleme mit sich. Sie blieb gelassen allein in der Reithalle, scheute nicht vor ihrem Bild im Spiegel und wirkte verhältnismäßig entspannt. Auch die Kontrolle durch die Reiterhilfen beim ersten freien Reiten klappte auf Anhieb erstaunlich gut. Als die Stute auf der Diagonalen im Trab allerdings in Höhe des Spiegels vorbeikam, war es um ihre Fassung geschehen. Sie tobte los wie von Furien gehetzt, entledigte sich ihrer Reiterin und schoss zum Ausgang. Was sie (unscharf aus dem Augenwinkel) gesehen hatte, war ein anderes Pferd mit einem unbekannten, bedrohlichen Objekt „im Nacken" …*

*Die Probe aufs Exempel bestätigte diese Vermutung. Frontal auf den Spiegel zu, in den sie mit beiden Augen schauen konnte, respektierte die Stute nach anfänglichem ängstlichen Stutzen ihr Spiegelbild auch mit einem Menschen auf ihrem Rücken.*

*Es sieht so selbstverständlich aus – und doch ist jeder einzelne Galoppsprung des vierjährigen Pferdes ein anspruchsvoller Balanceakt.*

### Ausbildung dauert Jahre

Es ist verblüffend zu beobachten, wie schnell sich junge Pferde unter der Anleitung eines erfahrenen Ausbilders in ihre Aufgabe als Reitpferd finden. Aber die schöne Selbstverständlichkeit, mit denen sich viele der vierbeinigen ABC-Schützen in ihren ersten Übungsstunden in die neuen Aufgaben finden, darf nicht darüber hinwegtäuschen, dass die Ausbildung eines Pferdes sich nicht in Monaten, sondern in Jahren rechnet. Zudem ist der Frieden der ersten Kooperationsversuche höchst störanfällig. Ein grober Schnitzer des Reiters, ein heftiger Schreck des Pferdes, ein Zusammentreffen äußerer Widrigkeiten kann das eben noch so zufriedene junge Pferd in einen wilden Feuerstuhl verwandeln. Kontrolle über ein aufgeregtes Pferd kann oder besser könnte man nur durch die Reiterhilfen gewinnen. Ein junges Pferd muss freilich überhaupt erst lernen, auf diese Hilfen wie gewünscht zu reagieren, sie in jedem Augenblick zu akzeptieren und auch in kritischen Momenten zu respektieren. Solche Krisen kann nur ein erfahrener Reiter lösen, und Ausbildung — ganz egal, für welches Pferd und zu welchem Verwendungszweck — kommt nie ohne kritische Momente aus.

Damit die Ausbildung eines Pferdes gelingen kann, müssen Pferde Lernen lernen — und Reiter Lehren lernen. Natürlich lernen Pferde tagtäglich durch Erfahrungen. Aber sie lernen aus allen Eindrücken, absichtlich herbeigeführten und unabsichtlich durch König Zufall produzierten. Wer Pferde etwas lehren will, muss systematisch vorgehen und ungebetene Zufälle so weit wie möglich aussperren.

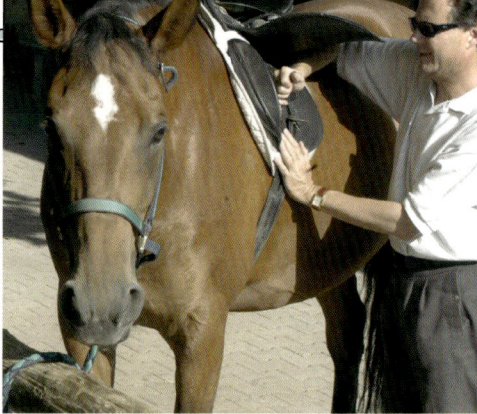

*Angurten ganz entspann – das gelingt nur, wenn ein Pferd den Gurt nicht in schlechter Erinnerung hat.*

Gelingt es dagegen, dem Pferd einen Lernschritt so passgerecht und selbstverständlich zu servieren, dass die neue Aufgabe beinahe spielerisch, zumindest aber ohne Angst, Schmerz oder große Aufregung gelöst werden kann, dann greift rasch die viel zitierte Macht der Gewohnheit. Durch Wiederholung und Einbindung in das bereits Gelernte schleift sich die die neue Übung allmählich ein.

## Das magische „erste Mal"

Für Pferde ist jeder neue Eindruck, jedes „erste Mal" prägend — und sie vergessen nichts. Gelingt es, einem vierbeinigen Youngster die jeweiligen Lernschritte als angenehme Erfahrungen zu präsentieren, dann wird das Pferd schnell Fortschritte machen. Entpuppt sich allerdings der erste Eindruck eines neuen Erlebnisses als großer Schreck, dann wird genau jener Schreck zusammen mit dem neu Erlernten abgespeichert. Kommt die Situation wieder, dann kehrt auch die Angst zurück.

In der Praxis heißt das zum Beispiel: Soll ein Pferd lernen, einen fest angezogenen Gurt um seinen Bauch zu respektieren — immerhin eine der Grundvoraussetzungen für das tägliche Reiten —, wäre es sozusagen der GAU (größte anzunehmende Unglücksfall), wenn das Pferd den Gurt an der falschen Stelle, also zu weit hinten, ohne Vorwarnung stramm angezogen spürt. Eine panische Reaktion wäre sozusagen vorprogrammiert.

Genau diese Situation ist oft dem Mangel an Erfahrung geschuldet: Weil Pferde sich zu Beginn in der Regel instinktiv gegen den Gurt wehren, indem sie ihren Bauch anspannen und aufblasen, muss man das junge Pferd anfangs mit äußerster Vorsicht angurten. Zieht man den Sattelgurt nicht fester, bevor das Pferd sich schneller in Bewegung setzt, rutscht der Sattel samt Gurt leicht zurück und löst so einen Teufelskreis aus: Je weiter hinten der Gurt zu liegen kommt, desto unangenehmer wirkt er für das Pferd.

*Das Gedächtnis des Pferdes ist eine Einbahnstraße.*
REITERWEISHEIT

Auf diese Weise entsteht oft der berüchtigte Sattel- oder auch Gurtzwang. Jedes Mal, wenn dem Pferd künftig ein Gurt aufgelegt wird, muss man mit einer Wiederkehr der panischen Reaktion rechnen. Selbst wenn man das Pferd mit Zeit und Geduld an die Prozedur des Angurtens gewöhnen kann, wird es nie mehr unbefangen sein. Die Angst vor möglichen Unannehmlichkeiten begleitet künftig jedes Satteln.

Der Instinkt rät jedem Pferd, eine vorhersehbare unangenehme Situation zu meiden. Hindert man es daran — ganz einfach, indem man es zum Satteln anbindet —, muss man mit möglicher Gegenwehr rechnen. Da das Pferd aus Erfahrung ebenfalls weiß, dass Angriffe gegen den Menschen ebenfalls zu unangenehmen Reaktionen führen können, zeigen solche Pferde oft typische „Übersprungshandlungen": Sie beißen in die Luft, ins Boxengitter oder in die Anbindevorrichtung; sie drohen, ohne tatsächlich anzugreifen.

### Antwort in der Pferdesprache
*Im Übersprungsverhalten machen Pferde ihren widersprüchlichen Instinkten Luft. Pferdefreunde können Scheinangriffe von echten Attacken unterscheiden und lassen sich nicht unnötig zu Auseinandersetzungen provozieren.*

Ein unglückliches Zusammentreffen von mehreren auslösenden Faktoren (innere Anspannung des Pferdes, Muskelkater, Schmerzen, ungewohnter Sattel oder Gurt, zu rasches Angurten) kann selbst nach Jahren zu einem erneuten Aufflammen der panischen Reaktion führen.

*„Pass auf, was du tust!"*

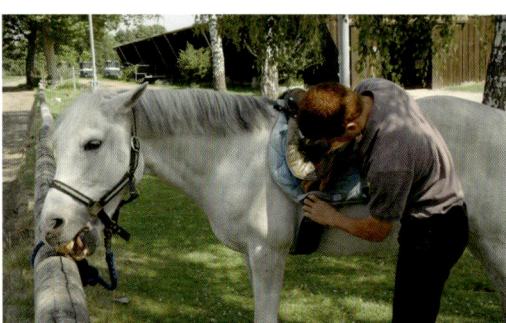
*„So könnte ich dich auch beißen!"*

*„Ich werde jetzt ernstlich böse!"*

*„Gleich beiße ich dich!"*

## Stress kontra Lernen

Gehirnforscher haben herausgefunden, dass Bewegungsabläufe im Gehirn an unterschiedlichen Orten gespeichert werden — je nachdem, ob sie zum normalen, entspannten Alltagsrepertoire gehören oder mit Stress und Angst verbunden sind. Prägt sich eine Erfahrung wie das Angurten im „Fluchtzentrum" des Gehirns ein, dann wird diese Gehirnregion jedes Mal mit dem Auflegen des Sattels aktiviert. Schaltet das Pferd im Kopf auf Flucht, dann stehen ihm nur wenige Bewegungsmuster zur Verfügung, nämlich nur die für eine schnelle und effektive Flucht nötigen.

Erfahrene Reiter wissen, dass ihre Pferde bei Schreckreaktion zu individuell verschiedenen, aber immer wiederkehrenden Bewegungsmustern neigen. So gibt es Pferde, die im Zweifelsfall blitzschnell nach links drehen und wegspringen (ihnen fällt die Linkswendung leichter als die Rechtswendung), oder dominante Vertreter, die regelrecht gegen die Zügel springen und in großen Sätzen die Flucht nach vorn antreten. Es gibt Pferde, die sich in einem riesigen Bocksprung entladen, gern rückwärts kriechen oder — gefährlich für den Reiter — ihre Kampfbereitschaft durch Steigen anzeigen. Flucht ist sozusagen im Gehirn automatisch vorprogrammiert; die Sinneswahrnehmung wird dabei mehr oder weniger ausgeblendet. Deswegen ist es schwierig, manchmal unmöglich, mit einem flüchtenden Pferd zu kommunizieren; es „hört" im wahrsten Sinne des Wortes einfach nicht. Ein Pferd auf Fluchttrip ist nicht lernbereit — ganz wie ein Mensch unter hohem Stress.

## Antwort in der Pferdesprache

*Jede neue Aufgabe, jede unbekannte Situation für ein Pferd sollte man, so gut es geht, aus Pferdesicht betrachten und die möglichen kritischen Punkte „entschärfen".*

*Führen heißt fördern und fordern.*
VERFASSER(IN) UNBEKANNT

### Die Sprache der Hilfengebung

Was für die Schwierigkeiten beim ersten Aufsatteln gilt, zeigt sich entsprechend nicht nur bei allem übrigen ersten Bekanntmachen mit der Ausrüstung (Auf- oder Abtrensen, Anlegen von Ausbindezügeln oder des Geschirrs für ein Fahrpferd usw.), sondern noch vermehrt unter dem Sattel.

Auch wenn Reiter und Pferd zu Fuß die besten Freunde sind — im Sattel wird eine andere Sprache gesprochen. Die Hilfengebung ist eine eigene, komplizierte Körpersprache, die ein Reiter mehr oder weniger mühsam lernen muss. Erst wenn er selbst diese Sprache sicher beherrscht, kann er sich zutrauen, ein Pferd auszubilden.

*Endlich bleibt sie oben ...*

Für Pferde sind die Grundprinzipien dieser Körpersprache selbsterklärend, denn sie arbeiten mit Gleichgewicht, Bewegungsrhythmus und Reflexen. Dennoch braucht ein Pferd lange, um seine Muskulatur so aufzubauen, dass es Reiter oder Reiterin ohne Verkrampfung und ohne Störung seines natürlichen Bewegungsablaufes tragen kann. Erst auf dieser Grundlage macht es überhaupt Sinn, das Pferd für einen besonderen Verwendungszweck beim Reiten, also eine spezielle Pferdesportdisziplin oder einen vielfältigen Einsatz als Freizeitpartner zu trainieren.

Der Reiter auf dem Rücken, das Gebiss im Maul sind für das junge Pferd in allererster Linie erst einmal Störungen. Sie brauchen die Hilfe des Reiters, um mit diesen Störungen fertig zu werden; nicht umsonst wird die Sprache des Reiters im Sattel „Hilfengebung" genannt.

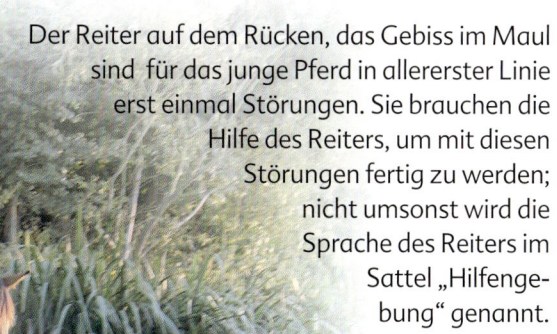

*So sollte es sein: Das junge Pferd lässt sich von der Reiterin vertrauensvoll helfen.*

### Gut zu wissen

**Der Anspruch, ohne entsprechende eigene reiterliche Kenntnisse ein Pferd auszubilden, ist dem Versuch vergleichbar, jemanden eine Fremdsprache zu lehren, in der man sich selbst nur gebrochen verständigen kann. Es bleibt höchst fraglich, ob eine Kommunikation gelingt und das Niveau der Verständigung bleibt sehr bescheiden.**

Wer diese Körpersprache selbst nicht sicher beherrscht, wird mit seiner Hilfengebung kein junges Pferd in eine sichere, störungsfreie Balance bringen und erst recht nicht im Konfliktfall überzeugen können. Zeigt ein junges Pferd Widerstand, muss der Reiter blitzschnell entscheiden, ob er versuchen soll, seine Forderungen durchzusetzen oder in erster Linie das Pferd zu beruhigen und eine weitere Eskalation zu vermeiden.

Ob die Entscheidung richtig war, zeigt sich erst im Nachhinein. Eine zu hart ausgefallene Korrektur kann das Vertrauen des jungen Pferdes kosten. Ständige Konfliktvermeidungsstrategie dagegen kann den Gehorsam des jungen Pferdes kosten. In beiden Fällen ist ein Kreislauf sich häufender Probleme vorprogrammiert. Oft reicht eine traumatische Erfahrung aus, um dem Pferd eine Sache wie etwa das Angaloppieren auf einer Hand oder das Entgegenkommen eines anderen Pferdes gründlich und nachhaltig zu verleiden.

### Fehlersuche

Leider können Pferde nur durch Angst, Aufregung und Widerstand mitteilen, dass sie einen Lernschritt nicht begriffen haben oder dass sie sich körperlich und mental überfordert fühlen. Wer in einer solchen Situation den Fehler nicht zuerst bei sich selbst und dann erst beim Pferd sucht, wird vermutlich nie die wahre Ursache eines Problems herausfinden. Allzu oft geben Zweibeiner, ohne es zu merken, höchst widersprüchliche Kommandos.

Für Fortschritte in der Ausbildung ist es entscheidend, die passenden, aufeinander aufbauenden, systematischen kleinen Schritte zu finden, in denen das Lernen immer weitergehen kann. Hier ist die Hilfe eines erfahrenen Ausbilders gefragt, der von unten die passenden, letztlich den Erfolg entscheidenden Tipps geben kann. Nicht umsonst gibt es im Reitsport die Prämisse vom „lebenslangen Lernen."

## In sicheren vier Wänden

Der Bau von Reithallen boomt. Im westfälischen Städtchen Warendorf, dem Sitz der Deutschen Reiterlichen Vereinigung FN, gibt es über 40 Reithallen. Die genaue Zahl kennen selbst einheimische Reiter nicht — und bei Erscheinen des Buches wäre selbst diese Information vermutlich schon wieder überholt.

Ganz allein mit seinem Pferd in den schützenden Wänden einer Reithalle konzentriert zu arbeiten, ist der Traum eines ambitionierten Reiters von einem funktionalen Training. Ganz allein mit seinem Reiter in vier nutzlosen Wänden eingesperrt zu sein, ist nicht selten der Albtraum eines jungen Pferdes. Es gibt kaum einen Punkt, in dem die Vorlieben von Pferden und Reitern so weit auseinander driften wie beim Thema „Reithalle".

Natürlich haben Reithallen ihre unwiderlegbaren Vorteile. Sie machen systematisches Training mit dem Pferd in einer gleich bleibenden Atmosphäre unabhängig von Witterung und Tageszeit überhaupt erst möglich. Sie verbannen störende Außenreize und ermöglichen die beiderseitige Konzentration. Sie bieten — wenn auch noch der Untergrund und das Arbeitsklima in der Halle stimmen — dem Pferd eine Sicherheit, in der es sich vielleicht zwangloser bewegt als draußen, wo es instinktiv viel mehr selbst aufpassen muss.

*Zwei ganz verschiedene Dinge behagen uns gleichermaßen: die Gewohnheit und das Neue.*
JEAN DE LA BURYÈRE

Andererseits schleicht sich in die Reiterei in der Halle schnell eine Routine ein, die der Neugier, dem wachen Interesse und der lebhaften Umweltorientierung der Pferde nicht mehr Rechnung trägt. Desinteresse und Abstumpfung lassen Routine zum Trott werden: Auch hier klappt die Kommunikation zwischen Pferd und Reiter nicht mehr, weil kein gegenseitiger Austausch stattfindet.

Die Sicherheit und Abgeschlossenheit einer Reithalle hat ihre großen Vorzüge bei der Ausbildung junger Pferde und junger, unerfahrener Reiter. Für junge Pferde ist die Isolation der Reithalle ein besonderer Stress, aber auch zugleich eine Chance für den Reiter, dem ABC-Schützen unter dem Sattel eine sichere Orientierung zu bieten. Die Arbeitsatmosphäre in der Halle macht es oft einfacher, Pferde zur Konzentration auf die Hilfen zu bewegen.

Dennoch es ist ein Trugschluss zu glauben, dass Pferde sich in der Halle wohler fühlen als unter freiem Himmel. Das Aussperren von Außenreizen hat seine Kehrseite. Wo Pferden immer konstante optische und akustische Bedingungen geboten werden, reagieren sie mit Schrecken auf die winzigste Abweichung vom Normalzustand. Eine Decke über der Bande, ein ungewohnter Sprung in der Reitbahn, eine offene Tür, ein liegen gebliebener Bewässerungsschlauch oder ein ungewohntes Geräusch auf der Tribüne können in Pferdeaugen den Rang von gefährlichen Gespenstern einnehmen.

## Der Weg zur Tür

Wie wenig selbstverständlich die schützenden vier Wände für Pferde sind, zeigt die Tatsache, dass sie ihren Reitern auch nach vielen Jahren stets unmissverständlich mitteilen, wo die rettende Tür nach draußen ist.

*Juhu, ich hab ihn in den Galopp gekriegt!*

*Juhu, die Tür ist offen!*

Die Strecke in Richtung Bandentür „zieht". Das heißt, Richtung Ausgang geht es regelmäßig ein bisschen schneller als vom Ausgang weg. Das Gleiche gilt sinngemäß für jeden eingezäunten Reit- oder Turnierplatz: Pferde kennen immer den Weg „nach Hause".

Dieser Tatsache wird sogar beim Parcoursbau Rechnung getragen: Die Abmessungen zwischen zwei Sprüngen in Richtung Ausgang fallen großzügiger aus als in die Gegenrichtung; Wendungen direkt vom Ausgang weg gelten als besondere Schwierigkeit. Aber auch Dressurreiter kennen die Problematik, dass ihre Pferde auf die Tür oder den Ausgang zu schneller werden, was je nach Ausbildungsstand und geforderter Lektion hilfreich oder hinderlich sein kann. Legt das eine Pferd in Richtung Ausgang im Mittelgalopp besser zu, wird das andere — zum Beispiel im Mitteltrab oder bei fliegenden Galoppwechseln — regelmäßig eiliger und nervöser.

Erfahrene Ausbilder wissen, dass beim Freispringen die Richtung zum Stall Pferde schneller werden lässt, und angespannte Pferde entladen sich mit der „Nase nach Hause" eher als in umgekehrter Richtung. Selbst bei einfachen Aufgabenstellungen in Schulpferdestunden (erstes Angaloppieren) spielt die Nähe zur Tür eine Rolle.

## Nach draußen!

Wer sich klar macht, dass der ursprüngliche Lebensraum der Pferde die weitläufige Steppe war, wird sich nicht wundern, wie gern und selbstverständlich sich Pferde unter freiem Himmel bewegen. Nie kommen sich die Instinkte der Pferde und die Intentionen der Reiter so selbstverständlich nah wie beim Reiten im Gelände — schon darum sollte das Ausreiten Teil der Ausbildung jedes Reiters und jedes Pferdes sein. Auch Pferde, die im Leistungssport eingesetzt werden, profitieren vom Reiten in natürlicher Umgebung.

> ### Antwort in der Pferdesprache
> *Pferdefreunde ermöglichen ihren Vierbeinern so viel wie möglich gelassene Bewegung an frischer Luft. Hier stellt sich die Harmonie der Kommunikation oft von selbst ein.*

Wer die Gelegenheit hat, sein Training nach draußen zu verlegen, sollte davon so oft wie möglich Gebrauch machen. Die Erfahrung zeigt, dass die meisten Pferde mit den vermehrten Umweltreizen gut zurechtkommen. Einerseits sind auf einem Außenplatz oder im Gelände mehr unvorhergesehene Störungen an der Tagesordnung; andererseits gewöhnen sich die Pferde erstaunlich schnell an die Verarbeitung neuer Außenreize.

*Gemeinsam ausreiten – das ist die selbstverständlichste aller Disziplinen im Pferdesport.*

Ist ein Platz zum Beispiel von Kaninchen besiedelt, wird ein junges Pferd anfangs beim unvermuteten Auftauchen der Nager vermutlich eine Schreckreaktion zeigen. In kürzester Zeit gewöhnen sich die Pferde aber selbst an unregelmäßig auftauchende Tiere. Sie nehmen das Kaninchen längst vor dem Reiter wahr und entspannen im besten Fall schon wieder, bevor der Mensch im Sattel das Tier überhaupt bemerkt hat.

Das Reiten im Gelände schließlich bietet allen Pferden und Reitern — unabhängig von Reitweise, sportlichem Talent oder persönlicher Zielsetzung — die Möglichkeit zur physischen und psychischen Entspannung. Aber auch hier gilt es, Pferde behutsam in kleinen Schritten an alle möglichen Herausforderungen zu gewöhnen. Beim Ausreiten in einer Gruppe kommen der Ehrgeiz und das Rangordnungsverhalten der Pferde vermehrt zum Ausdruck; die passende Reihenfolge entscheidet mit über das gelassene Miteinander der Pferde. Auch das Einfügen in eine Reitergruppe sollte Lernstoff für ein junges Pferd sein — in Zeiten, wo Individualität beim Reiten so groß geschrieben wird wie noch nie, ist das längst nicht mehr selbstverständlich.

*Im besten Fall funktioniert eine Pferdegruppe beim Ausreiten wie eine natürliche Herde.*

### Prinzip Führpferd

Befreundete Pferde gehen besonders gern nebeneinander her. Auf der Weide lässt sich beobachten, wie Stute und Fohlen oder befreundete Pferde sich nahezu im Gleichschritt bewegen; sie passen sich in Takt und Tempo einander an. Beim Reiten von Quadrillen kann man diesen Effekt ebenfalls beobachten. Ein vertrauter Pferdenachbar gibt Sicherheit und trägt nicht nur im Gelände, sondern auch im Viereck zur inneren Losgelassenheit bei.

Bei allen möglichen Gewöhnungsübungen kann ein älteres, erfahrenes Pferd die Rolle des Führpferdes für einen vierbeinigen Youngster übernehmen. An fremdem Ort, bei der Begegnung mit Wasser, beim Klettern, beim Bewältigen von kleinen Naturhindernissen, beim Passieren von Viehweiden, im Straßenverkehr oder in der Nähe von Industrieanlagen wird ein junges Pferd in Gesellschaft eines Routiniers gelassener sein. Oft reicht es aus — wie beim

*Seite an Seite im Gleichschritt bewegen sich diese jungen spanischen Stuten mit traditionell gestutzten Mähnen.*

*Seite an Seite im Gelände: Für viele Pferde ist das die beste Voraussetzung für einen entspannten Ritt.*

*In passender Gesellschaft verliert das Wasser seine Schrecken.*

ersten Einritt ins Wasser — den Bann zu brechen, der Pferde dazu bewegt, alles Unbekannte strikt zu meiden. Die Begegnung mit dem kühlen Nass macht Pferden, die ihre Scheu verloren haben, sichtlich Spaß. Sie lassen sich sogar dazu animieren, im Meer zu schwimmen und sich gegen heranbrechende Wellen zu stemmen.

### Galoppieren muss sein

*Während meiner Studienzeit machte ich zum ersten Mal Bekanntschaft mit einer Vollblutstute unter dem Sattel. Das Pferd gehörte einer Mitstudentin, die mir die sehr gut ausgebildete Stute für eine Woche anvertraute, während sie selbst in Urlaub war. Ich genoss das nahezu kraftfreie Dressurreiten auf einem sensiblen, willigen und mit leisesten Hilfen zu regulierenden Pferdes. Nach einigen Tagen auf dem Reitplatz wagte ich einen Ausritt; die Besitzerin hatte mir besonders ans Herz gelegt, mit dem Pferd auch regelmäßig ins Gelände zu gehen. Mein erster Ausritt endete in einem Fiasko: Das Pferd ging mir auf einer Galoppstrecke einfach durch und galoppierte mehr als einen Kilometer lang im Renntempo, bevor ich es wieder einfangen konnte. Diese Schlappe wollte ich nicht auf mir sitzen lassen; ich galoppierte auf dem Heimweg noch etliche Strecken unter Kontrolle und ging am nächsten Tag wieder nach draußen. Nichts Unerwartetes geschah – das Pferd ließ sich genau so angenehm und problemlos arbeiten wie auf dem Reitplatz. Der Stute, die einer Rasse entstammte, die seit mehr als zwei Jahrhunderten ausschließlich auf Rennleistung hin gezüchtet wird, hatten einfach ihre nötigen Meter im Galopp gefehlt.*

Dosiertes Vorwärtsreiten im Gelände kann so manchen Knoten in der Kommunikation zwischen Pferd und Reiter lösen. Allerdings heißt es auch hier, Augenmaß zu bewahren. Was unerfahrene Reiter als überschäumendes Temperament verbuchen, dem sie durch hohes Tempo Rechnung tragen, kann pure Aufregung aus Mangel an Balance und Sicherheit im Kontakt mit der Hilfengebung des Reiters sein.

Und schließlich braucht auch Geländereiten — wenn es mehr als eine entspannte kleine Runde sozusagen zum Vertreten der Pferdebeine sein soll — regelmäßiges Training. Auch beim Ausreiten lassen sich Pferde überfordern, die Anzeichen sind nur leichter zu übersehen als beim Reiten in der Bahn.

Das richtige Maß der Anforderungen in der täglichen Arbeit bestimmt auf die Dauer, ob ein Pferd den Forderungen eines Menschen grundsätzlich vertrauensvoll und kooperativ Folge leistet oder ob es Stress und Unannehmlichkeiten erwartet.

## Gewöhnung als Schlüssel

Gewöhnung an wiederkehrende Außenreize ist ein Schlüssel für die entspannte Kommunikation mit dem Pferd. Dabei kann die Arbeit an der Hand die Ausbildung unter dem Sattel ergänzen. Gerade ReiterInnen, die ihrer Sache im Sattel nicht ganz so sicher sind, haben die große Chance, ihre Pferde zu Fuß an viele fremde Eindrücke zu gewöhnen. Dennoch lässt sich die Sicherheit im Sattel durch nichts ersetzen. Auch wenn unsichere Reiter selbst im Gelände besser beraten sind abzusteigen, sobald sie eine Situation fürchten, die vielleicht außer Kontrolle gerät — ein sicherer Reiter hat im Sattel mehr Einwirkungsmöglichkeiten auf ein Pferd als ein Führer von unten. Gute Reiter fühlen sich daher tatsächlich im Zweifelsfall auf dem Pferderücken sicherer als mit einem Pferd an der Hand.

Die technisierte Umwelt bietet heute für Pferde eine Vielzahl von Schrecknissen, vor denen man sie beim besten Willen nicht bewahren kann. Ist ein Pferd zum Beispiel nicht verkehrssicher, stellt es immer eine potenzielle Gefahrenquelle dar. Denn selbst in eingezäunten Reitanlagen begegnen Pferde Autos mit Pferdehängern, Lastwagen, die Pferdefutter transportieren, und Miststreuern, die die Überbleibsel wieder abtransportieren ...

Reitpferde müssen Verkehrsmittel aller Art tolerieren. Wobei wie bei allen möglichen Schreckgespenstern der Pferde gilt: Je besser die Ausbildung, je sicherer und — so heißt nicht umsonst der Fachausdruck in der klassischen Ausbildung — „durchlässiger" die Pferde auf die Reiter-

*Das junge Pferd fühlt sich „im Schutz" des erfahrenen Führpferdes auch auf der Straße sicher.*

hilfen reagieren, desto schneller lässt sich ein Pferd unter dem Sattel beruhigen. Wiederholung tut ein Übriges: Wenn der Schreck einmal entschärft ist, verläuft die zweite Begegnung schon unter besseren Vorzeichen. Damit die Angst bei einer ersten Begegnung so klein wie möglich bleibt, ist es wichtig, die richtige Strategie zu verfolgen: so schnell wie möglich zur Tagesordnung, das heißt zur normalen Arbeitsatmosphäre zurückzukehren.

## Zauberwort Motivation

Wem es gelingt, das Pferd in der täglichen Arbeit zu motivieren, der hat mehr für die gelungene Kommunikation getan als mancher vermeintlich „starke" Reiter, der nur eine einzige Strategie kennt: dem Pferd seinen Willen aufzuzwingen. Es gibt viele Aufgaben und Erfahrungen, die Pferden einfach Spaß machen. Gerade in einem abwechslungsreichen Programm für den Beginn der täglichen Arbeit, die entscheidende „Lösungsphase", steckt der Schlüssel für die Mitarbeit des Pferdes. Wer zum Beispiel mit viel Phantasie und einigem praktischen Aufwand Möglichkeiten ausprobiert, sein Pferd besser zu lösen, wird mit Sicherheit mehr Erfolg haben als jemand, der wieder und wieder dieselben Übungen ausführt.

*Wo der Wille da ist, sind die Füße leicht.*
SPRICHWORT AUS GROßBRITANNIEN

Auch im Sattel gilt es, die Sprache der Pferde zu verstehen. Dann kann die gemeinsame Arbeit von Reiter und Pferd tatsächlich für beide Seiten zum „Highlight des Tages" werden.

### In Streik getreten

*Einer meiner Reitschüler hatte ein sehr talentiertes Pferd, das ich kannte und wegen seines besonderen Charakters schätzte. Nach langer Trainingspause wegen einer Verletzung gab er es in Profi-Beritt. Pferd und Ausbilder harmonierten offenbar nicht; am Ende trat das Pferd in Streik und ließ sich selbst durch Schläge oder Sporenstiche kaum von der Stelle bewegen. Verzweifelt brachte der Reiter das Pferd zu mir mit der Bitte um Hilfe und vor allem um eine positive Strategie.*

*Eine meiner Töchter, die damals ungefähr zehn Jahre alt war, fasste zu dem riesigen Pferd besonderes Vertrauen. Sie wollte es unbedingt selbst pflegen. Ich beobachtete ihre Versuche, das Tier allein aufzuhalftern: Der 1,75 Meter große Wallach streckte seinen Kopf fast bis zum Boden, damit das Kind ihm das Halfter über die Ohren streifen konnte. Er stand mucksmäuschenstill, während sie ihn ausgiebig putzte, und gab ihr freiwillig alle vier Hufe, ohne auch nur das geringste Gewicht auf die Kinderhände zu verlagern. Um den Pferderücken zu erreichen, stieg sie auf ihre Putzkiste. Als auch diese Arbeitshöhe nicht ausreichte, sprang sie regelmäßig von der Kiste aus hoch und wischte dabei mit der Bürste über den Pferderücken. Das Pferd hatte den Kopf zu ihr gedreht und ließ sie nicht aus den Augen.*

*Diese offensichtliche gegenseitige Begeisterung brachte mich auf eine Idee. Als der Besitzer nach einigen Tagen höchst kleinlaut erschien, um nach dem Benehmen seines Pferdes zu fragen, ließ ich meine Tochter aufsitzen. Der Anblick des kleinen Mädchens, das mit den Füßen kaum unter das Sattelblatt reichte, auf dem Rücken eines völlig zufrieden in Selbsthaltung durch die Bahn trabenden Pferdes trieb ihm Tränen der Rührung und der Freude in die Augen. Auch ich war beeindruckt: Das Pferd hatte sich seine „Therapie" selbst gewählt.*

*Viele Pferde haben einen besonderen Draht zu Kindern, die sie am Körperschema (großer Kopf, kleiner Körper) als „jung" identifizieren. Kinder beherrschen die Körpersprache meist besser als Erwachsene und haben weniger Angst.*

- Langsames Heranführen an neue Aufgaben
- Kleine Lernschritte
- Systematische Ausbildung
- Neue Herausforderungen „mit Pferdeaugen sehen"
- Verständnis für instinktive Abwehrreaktionen
- Erfahrenes Führpferd
- Einbinden in eine Gruppe
- Reiter mit sicherer Hilfengebung
- Reiten draußen
- Abwechslung im Training
- Positive Motivation
- Aufgaben, die Spaß machen

- Monotone Aufgabenstellung
- Alleinsein in schwierigen Situationen
- Unklare oder unpassende Position in einer Gruppe
- Zu wenig vorwärts im Training
- Einseitige Ausbildung
- Fehlendes System in der Ausbildung
- Fehlende Sicherheit des Reiters
- Mangel an verbindlichen Hilfen in Krisen
- Drill

- Missverständliche, grobe Hilfengebung
- Inkompetente und widersprüchliche Hilfengebung in Krisen
- Überfallen mit neuen, beängstigenden Situationen

# Wohin sie gehen könnten – wenn Pferde und Reiter sich besser verstehen

### „Richtlinien" für den Umgang

Beim Führen und Anbinden, beim Putzen und Anlegen der Ausrüstung, beim Besuch von Tierarzt und Schmied und nicht zuletzt in den elementaren Anforderungen unter dem Sattel sollte ein Pferd die entsprechenden Kommandos und nonverbalen Anweisungen sicher respektieren. Das kann nur gelingen, wenn es eine entsprechende Fohlenerziehung genossen hat und möglichst angstfrei an all die vielen Situationen herangeführt wird, mit denen es in der Nähe des Menschen zwangsläufig konfrontiert wird. Vertrauen und Gewöhnung sind die wichtigsten Strategien zur Vermeidung unnötiger Auseinandersetzungen. Gutes Benehmen will gelernt sein! Lernen gilt auf beiden Seiten: Jeder, der regelmäßig mit Pferden umgeht, steht immer wieder vor neuen Rätseln und Schwierigkeiten in der gegenseitigen Verständigung. Auf dem Weg zur selbstverständlichen Harmonie mit dem Pferd sind Stolpersteine an der Tagesordnung.

**Was ein gut erzogenes Reitpferd kennen, können oder kooperativ dulden sollte:**

- ❑ Aufhalftern, Halfter abnehmen
- ❑ Im Schritt an der Hand fleißig vorwärts gehen
- ❑ Jederzeit anhalten
- ❑ An der Hand ruhig stehen
- ❑ Von rechts und von links geführt werden
- ❑ An der Hand rückwärts richten
- ❑ Leichte Handbewegungen zum Ausweichen nach beiden Seiten befolgen
- ❑ Führen im Trab (etwa vor dem Tierarzt) ohne Angaloppieren
- ❑ Entlassen in Box, Reithalle, Koppel, Paddock ohne Lostoben
- ❑ Vom Futter weggeholt werden, auch vom Kraftfutter
- ❑ Anbinden am Anbindering, an einem Balken, in der Stallgasse von rechts und links
- ❑ Passieren anderer Pferde ohne Nasenkontakt oder Rangordnungsauseinandersetzungen
- ❑ Geputzt werden am ganzen Körper, auch an kitzligen Stellen und am Kopf
- ❑ Anlegen/Ausziehen einer Pferdedecke, auch über den Kopf (Pulloverdecke), mit Schweifriemen, Gurten und Beinschnüren
- ❑ Hufe, Beine und größte Schwitzstellen mit Wasserschlauch abspritzen, Körper, Kopf und Hinterteil mit Schwamm abwischen
- ❑ Dulden von Mähnen- und Schweifspray, Fliegenspray
- ❑ Alle vier Hufe hochheben
- ❑ Ausmisten der Box in Anwesenheit des Pferdes
- ❑ Fegen in der Nähe der Hufe
- ❑ Aufgehalten werden beim Schmied
- ❑ Wurmkur oder andere Medikamente mittels Applikator/Spritze direkt ins Maul geben
- ❑ Anlegen von Gamaschen/Bandagen/Verbänden an allen vier Beinen
- ❑ Dulden von intramuskulären und intravenösen Spritzen
- ❑ Abgehört werden mit Stethoskop
- ❑ Rektales Fiebermessen
- ❑ Behandlung mit Spray auf der Haut (Wundspray) bei kleineren Verletzungen

- ❑ Auftragen von Fliegenabwehrspray, zumindest mit Schwamm oder Lappen
- ❑ Hunde und deren typisches Verhalten
- ❑ Verladen: sicheres Ein- und Ausladen, ruhig Stehen beim Fahren im Hänger oder Transporter
- ❑ Satteln und Auftrensen
- ❑ Festes Anziehen eines Gurtes
- ❑ Longiert werden; Dulden von Ausbindern
- ❑ Ruhig stehen beim Auf- und Absitzen
- ❑ Generelle Kontrolle von Weg, Gangart und Tempo unter dem Reiter
- ❑ Gesellschaft anderer Pferde beim Reiten
- ❑ Fremde Pferde vor sich, hinter sich dulden
- ❑ Dichtes Entgegenkommen von Pferden in der Reitbahn (in allen Gangarten)
- ❑ Wegreiten von anderen Pferden, auch im Gelände
- ❑ Durchreiten von Matsch und Wasserpfützen
- ❑ Klettern und Überwinden kleiner natürlicher Bodenhindernisse
- ❑ Passieren von Fußgängern (einschließlich Kinderwagen, spielender [krabbelnder] Kinder, Inlineskater)
- ❑ Passieren von Fahrzeugen aller Art (Fahrradfahrer, motorisierte Zweiräder, Autos, Lastwagen, Traktoren, landwirtschaftliche Fahrzeuge)
- ❑ Passieren von Pferde- und Viehweiden

Das Dreamteam ...

129

## Im Widerspruch zu den natürlichen Instinkten

Diese Liste erhebt keinen Anspruch auf Vollständigkeit. Sie stellt nur einen Versuch dar, all das in Worte zu fassen, was jeder Reiter — unabhängig von Reitweise, sportlichem Ehrgeiz, Ausbildungsstand und persönlicher Zielsetzung — von einem gut erzogenen, angenehmen vierbeinigen Partner wissentlich oder unbewusst erwartet. Je nach dem gewünschten Verwendungszweck müsste die Liste im Einzelfall noch um viele weitere Punkte verlängert werden.

Der Versuch, all diese Forderungen sozusagen aus Pferdesicht zu betrachten, macht deutlich, wie viele alltägliche Ansprüche an ihr Verhalten ihren Instinkten zuwiderlaufen. Fluchttiere mögen es nicht, eingesperrt und festgehalten zu werden; sie wollen den Kontakt zu anderen Pferden selbstständig regeln, allen bekannten Gefahren und ungewissen Bedrohungen weiträumig ausweichen und niemals allein sein. Sie umgehen, wenn sie nur irgend können, unsicherem Boden und jedes noch so kleine Hindernis; sie meiden Enge, plötzliche Dunkelheit, fremde Tiere, unbekannte Objekte und Annäherungen von Fremden in ihrer kritischen Zone. Vergleicht man dieses Verhalten mit der „To-do"-Liste, dann wird schnell klar: Das mögliche Konfliktpotenzial ist groß.

*Konflikte sollte man nicht mit Gewalt, …*

*… sondern mit Geschicklichkeit austragen.*

## Mit dem Führen fängt alles an

*Probleme löst man am besten mit denen, die daran beteiligt sind.*
AUTOR/IN UNBEKANNT

Führen ist die Visitenkarte der Pferdeerziehung. Wenn ein Pferd die Überlegenheit des Menschen nicht respektiert, sieht es keine Veranlassung, einem Zweibeiner irgendwohin zu folgen, wo es ihm nicht besonders gut gefällt. Wenn ein Mensch durch sein Auftreten diesen Respekt nicht für sich beansprucht, gibt es keinen guten Grund dafür, dass ein Pferd ihn im Zweifelsfall als ranghöher betrachtet. Dann hindert höchstens noch die Macht der Gewohnheit das Pferd daran, sich unangenehmen Forderungen zu widersetzen. Aber geraten Gewöhnung und Instinkt in Widerstreit, dann muss der Mensch seine Autorität in die Waagschale werfen können, um die Reaktion des Pferdes zu beeinflussen.

Nicht umsonst boomt der Markt von Kursen, Büchern und Zubehörartikeln rund um das „Dominanztraining". Sicheres Auftreten gegenüber einem Pferd lässt sich allerdings nicht als Bewegungstraining einstudieren. Pferde lassen sich weder von aufgesetzter Großspurigkeit noch durch Ausüben von Druck überrumpeln. Sie lesen in der gesamten Körpersprache der Menschen wie in einem Buch noch zwischen den Zeilen. Sie nehmen jeden Widerspruch zwischen innerer und äußerer Haltung untrüglich war. Das Erlernen von „Dominanz" (im Übrigen ein entlarvender Begriff für den Umgang mit einem ängstlichen Fluchttier) ist eine zwiespältige Angelegenheit.

## Souverän reagieren

Ich verwende lieber den Begriff „Souveränität": Er schließt auch die Idee der Vermeidung unnötiger Konflikte mit ein. Wer souverän ist, vermeidet unsinniges Kräftemessen. Das heißt, wenn mit einer instinktiven Gegenwehr oder starkem Bewegungsdrang eines Pferdes zu rechnen ist, dann ist es allemal besser, ein Instrument zum Führen zu verwenden, mit dem man mehr Kontrolle über ein Pferd hat (Trense, Führkette, im Extremfall Steiggebiss), als auf Dominanz zu pochen. Andererseits lässt die souveräne Erwartung, dass ein Pferd tut, was man von ihm fordert, so manchen möglichen Konfliktfall gar nicht erst aufkommen. Wer sich dagegen genötigt fühlt, permanent Druck auszuüben, dem fehlt es nicht nur an Vertrauen des Pferdes, sondern ganz offensichtlich auch an Selbstvertrauen.

Was für das Führen gilt, lässt sich sinngemäß auf viele mögliche Problemfelder in der Pferdeausbildung übertragen.

*Durch souveränes Führen – energisch vorwärts, im gleichen Takt wie das Pferd – lässt sich der zunächst sehr abgelenkte Fuchs ohne unnötige „Diskussion" wieder in den nötigen Gehorsam bringen.*

Zum souveränen Umgang mit Konflikten gehört es auch, die Macht der Gewohnheit geschickt auszunutzen. Der Versuch, einem unwilligen Pferd den eigenen Willen aufzuzwingen, kann leicht scheitern. Viel geschickter und Erfolg versprechender ist es, das Pferd in einen anderen vertrauten Ablauf zu manövrieren.

### An der unsichtbaren Leine

*Ein eigenwilliges Shetlandpony (von der Sorte, der man ohne große Mühe beibringen könnte, dem Zirkusdirektor ins Hinterteil zu beißen) riss sich vom Strick los, als ich es von der Weide zurückführen wollte. Mit hochgestelltem Schweif preschte das Pony davon, gelangte dabei aber aus Versehen in die Nachbarweide, wo ich es erst einmal wieder einsperrte. Aber es dachte nicht daran, seine neu gewonnene Freiheit aufzugeben und reagierte auf meine Annäherungsversuche, indem es mit sichtlichem Vergnügen davongaloppierte und sein Vergnügen an dem schönen Fangen-Spiel demonstrierte. Ich rannte dem Pferd ebenso wütend wie hilflos hinterher und blieb schließlich außer Atem in der Mitte der Weide stehen. Frustriert ließ ich den Führstrick um meine Hand kreisen. Das Pony fixierte mich und begann, in hohem Tempo einen Zirkel um mich herum anzulegen. Ich war verblüfft, schaltete dann aber doch schnell genug um auf die neue Situation „Longieren". In Ermangelung einer Peitsche schlenkerte ich den Führstrick noch heftiger und begann, das Pferd mit den an der Longe üblichen Kommandos anzutreiben. In kürzester Zeit galoppierte das Pony, das regelmäßige Longenarbeit gewöhnt war, in einem engen Kreis um mich herum. Nach ein paar Runden im Galopp gab ich die üblichen Kommandos zum Durchparieren. Und siehe da: Das Shetty ließ sich ohne Probleme auf dem unsichtbaren Zirkel anhalten und dort in aller Ruhe greifen.*

### Konfliktfeld Verladen

Ein klassischer Konfliktfall zwischen Mensch und Pferd ist das Thema „Verladen". Manche Pferdebesitzer investieren unfreiwillig mindestens so viel Geld in ein professionelles Verladetraining wie in den Kauf des Pferdehängers.

Es soll Züchter geben, die mit Geduld und Zeit ihre Fohlen an das Einsteigen im Hänger gewöhnen. Es soll Züchter geben, die listenreich einen ausrangierten Hänger auf der Fohlenkoppel offen stehen lassen und darin das Kraftfutter servieren. Es soll Züchter geben, die ihre jungen Pferde mit einem Quarterballen auf dem Frontlader gewaltsam in den Hänger schieben. Und es soll Fohlen geben, die einfach problemlos einsteigen.

Für wie blöd hält die mich eigentlich?

Andere wehren sich nach Kräften. In einen ungewissen, engen und manchmal auch noch dunklen Raum über eine schräge Rampe einzusteigen, entspricht nicht gerade den Vorstellungen eines Pferdes von der Zuflucht an einem sicheren Ort. Im Gegenteil. Ist das Thema „Verladen" erst einmal zum Reizthema zwischen Mensch und Pferd geworden, dann ist guter Rat oft teuer (im wahrsten Sinn des Wortes).

Die Erfolg versprechenden Strategien sind sich in einem Punkt ähnlich: Sie setzen nicht auf „bessere Einsicht" des Pferdes, sondern auf freiwilliges Fügen ins Unvermeidliche. Das heißt, dem Pferd wird der Fluchtweg zur Seite und nach hinten abgeschnitten und damit das Draußensein weniger angenehm (aber nicht bedrohlich!) gemacht. Der einzige Weg, der offen bleibt, ist der Weg nach vorn. Eine Erfolg versprechende Methode ist die Zwei-Longen-Technik. Dabei ist es wichtig, nicht den Versuch zu machen, das Pferd mit den Longen in den Hänger zu drängen. Sie dienen lediglich dazu, ein Ausweichen zurück oder zur Seite zu verhindern. Um das Pferd zum instinktiven Vortreten zu bewegen, ohne es zur Gegenwehr anzustacheln, kann man zusätzlich versuchen, die Hufe in der Fußfolge der Schrittbewegung einzeln anzuheben und nach vorn zu setzen.

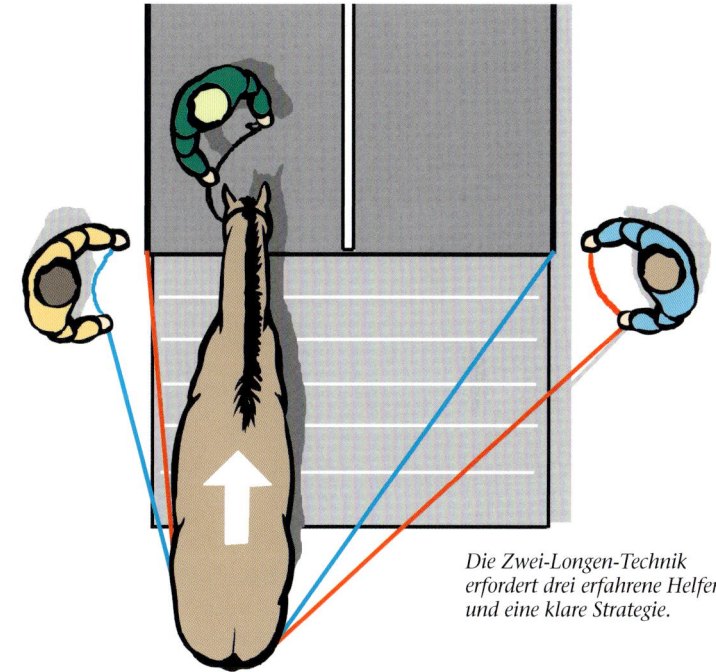

*Die Zwei-Longen-Technik erfordert drei erfahrene Helfer und eine klare Strategie.*

### Schön gruselig

*Ein eher ängstlicher Vollblüter, der sich bislang nicht ohne Sedierungsspritze des Tierarztes verladen ließ, machte beim Verladetraining mit der Zwei-Longen-Methode gute Fortschritte. Allerdings versuchte er, sobald er den Innenraum des Hängers erreicht hatte, abrupt rückwärts wieder herauszuspringen. Diese zu Recht gefürchtete, weil für alle Beteiligten gefährliche Reaktion wollte ich stoppen, ohne das ängstliche Pferd zu schocken. Beim ersten Mal wählte ich eine Gerte und hieb damit heftig hinter ihm durch die Luft – sozusagen als laute Drohung. Es half, ließ den ängstlichen Vollblüter allerdings nervöser werden, als es wünschenswert war. Schließlich sollte er ja gerade seine Angst vor dem Hänger verlieren. Beim nächsten Mal probierte ich ein Hilfsinstrument in Form einer Gerte aus, an deren Spitze mehrere breite Plastikstreifen befestigt waren. Ein leichtes Wedeln mit diesem Instrument veranlasste das Pferd, lieber im Hänger zu bleiben, als diesem gruseligen Ding nahe zu kommen – aber er fürchtete keine direkte Bedrohung.*

## Gruseln, nicht schocken

*Wer sich treiben lässt, kann das Ufer nicht wählen.*
NORBERT STOFFEL

Ein Pferd muss sich in der Begegnung mit Menschen auf viele Dinge einlassen, die aus Pferdesicht zumindest gruselig sind. Das kann zu schwierigen Situationen führen — aber wer in der Verantwortung für die Ausbildung eines Pferdes allen möglichen Problemen aus dem Weg geht, wird es nie zu einem zuverlässigen Partner erziehen können.

Nicht alles, was ein Pferd lernen soll, kann man dem Tier als schönes Spiel schmackhaft machen. Manche Forderungen sind unangenehm, manche Furcht erregend. Damit ein Pferd sich trotzdem darauf einlässt, braucht es einen großen Vorrat an Vertrauen — der genährt wird durch immer neue gute Erfahrungen.

## Antwort in der Pferdesprache
*Ein verständnisvoller Reiter sucht in der Ausbildung immer wieder nach Situationen, in denen ein Pferd seine natürlichen Instinkte positiv einbringen kann.*

*Instinkt pur: den nötigen „Cowsense" für diesen spektakulären Sport bringt ein Cutting Horse als natürliches Talent mit.*

### Lob und Tadel

Nicht alle Übungen unter dem Sattel machen Pferden so viel Spaß. Aber mit der richtigen Dosierung der Arbeit, vor allem aber mit Lob und Ermutigung kann es gelingen, Pferden Begeisterung für die tägliche Arbeit zu vermitteln. Ein Pferd, das freiwillig und gern mitarbeitet, wird auch einem schwächeren Reiter manche Ungeschicklichkeit verzeihen; ein Pferd, das unter Angst und Zwang seine Übungen absolviert, wird selbst einen starken Reiter in seinem Ehrgeiz längst vor Erreichen der tatsächlichen Leistungsgrenze ausbremsen.
Entscheidend ist es, die Lernschritte dem Begriffsvermögen des Pferdes und den eigenen reiterlichen Künsten richtig anzupassen. Das Zauberwort heißt auch hier, wie so oft: Geduld.

*Hast und Reue sind Bruder und Schwester.*
SPRICHWORT AUS BOSNIEN-HERZEGOWINA

## Antwort in der Pferdesprache
*Lob ist der wichtigste Beitrag zur gelungenen Kommunikation; anstelle von Strafe sollte die Korrektur des unerwünschten Verhaltens stehen.*

Entlarvend für die innere Einstellung eines Reiters ist die Kommunikation zwischen Reiterhand und Pferdemaul. Hier können freundliche „Töne" das Klima prägen, aber auch Grobheit und Gewalt — für Pferde eine schmerzhafte und Angst einflößende Angelegenheit.

**Lob kann viele verschiedene Formen annehmen**

**SOFORT:**
- ❏ Stimme
- ❏ Klopfen am Hals
- ❏ Nachgeben am Zügel
- ❏ Wiederholen einer Übung mit leichtesten Hilfen
- ❏ Dehnungshaltung erlauben
- ❏ Entlastung (Leichttraben, leichter Sitz)
- ❏ Pause
- ❏ Stressfreies Programm (z.B. vorwärts Galoppieren, kleiner Sprung)

**SPÄTER:**
- ❏ Beendigung der Arbeit
- ❏ Gelegenheit zum Freilaufen und Wälzen, Weidegang
- ❏ Besondere Zuwendung (Pflege, Handgrasen)
- ❏ Belohnungsfutter

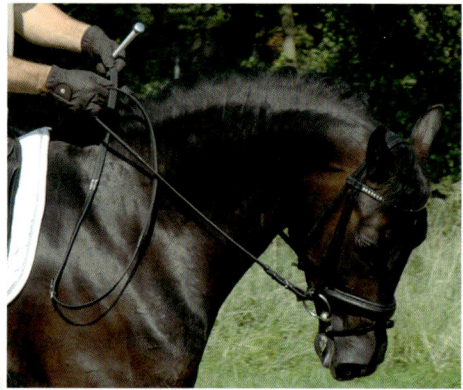

*„Stell dich mehr nach innen!"*

*„Gut gemacht, genau so!"*

*„Wir schaffen das!"*

*Nachgeben ist die wichtigste Botschaft der Zügelhand.*

*„Das war prima – jetzt entspann dich!"*

*„Du darfst dich strecken!"*

*„Streck dich noch mehr!"*

*„Wir wollen  vorwärts – genau da hin!"*

*„Ich bin mit dir rundherum zufrieden!"*

*Wo Gewalt angewandt wird, da wird Gewalt geweckt.*
KARL JASPERS

*Grobheit tut weh und macht Angst.*

**137**

## Korrektur ja, Strafe nein

*Die tiefen Furchen im Gedächtnis eines Pferdes kann kein Tierarzt heilen.*
REITERWEISHEIT

Mit Strafen muss man dagegen äußerst vorsichtig umgehen. Jeder unbeherrschte grobe Umgang mit dem Pferd ruft nicht in erster Linie Gehorsam, sondern Angst hervor. Eine Strafe kann für das Pferd nur dann einen „Lerneffekt" haben, das heißt es künftig vom unerwünschten Verhalten abhalten, wenn sie in unmittelbarem zeitlichem und inhaltlichem Zusammenhang mit dem entsprechenden Anlass ausgeführt wird. Der Wunsch, ein Pferd für gefährliches Verhalten zu strafen, ist nicht nur verständlich, sondern auch legitim — nur muss die Strafe so blitzschnell erfolgen und so bemessen sein, dass das Pferd sie „versteht". In den meisten Fällen gelingt das schon deshalb nicht, weil der Reiter durch den Ungehorsam des Pferdes die Kontrolle über den sicheren Sitz und damit auch eine unabhängige Einwirkung verloren hat.

Strafen im Nachhinein aus Wut, Enttäuschung, Angst, Hilflosigkeit oder zur Durchsetzung der eigenen Forderungen helfen nicht, sondern verschlimmern die Situation. Eine verspätete scharfe Reaktion des Reiters kommt für das Pferd wie „aus heiterem Himmel" und zehrt am größten Kapital, das ein Reiter mit seinem Pferd ansammeln kann: Vertrauen. Pferde vergessen ungerechte Behandlung nicht.

Die bessere Strategie zur Überwindung von Schwierigkeiten beim Lernen heißt „Korrektur".

### So können sinnvolle Korrekturen aussehen:

- ❏ Scharfe Stimme
- ❏ Wegfall des üblichen Lobs
- ❏ Nicht nachgeben am Zügel (darf nur für kurze Zeit angewendet werden)
- ❏ Wiederholung einer Übung zu Fuß oder einer Lektion unter dem Sattel unter Einsatz verstärkter Hilfen
- ❏ Verstärkung einzelner Hilfen, auf die das Pferd nicht die gewünschte Reaktion zeigt
- ❏ Einsatz von Sporen und Gerte
- ❏ Sobald die Korrektur Erfolg zeigt, ist Lob fällig!

## Einfühlung muss sein

Die Übung, eine Situation mit Pferdeaugen anzuschauen, hilft zu lernen, sich in ein Pferd einzufühlen. Gerade weil in der Ausbildung so viel Unnatürliches von einem Pferd verlangt werden muss, ist es entscheidend für das gegenseitige Vertrauen, dass ein Reiter das Verhalten seines Pferdes differenzierter deuten lernt. Dabei muss immer klar sein: Pferde kommunizieren immer klar und unverstellt — es gelingt nur manchmal nicht, ihre Botschaften richtig zu deuten.

Im Gegenzug gelingt es Pferden dagegen regelmäßig, die Stimmung ihrer Besitzer mit feinen Antennen erstaunlich gut wahrzunehmen.

Pferde haben weder schlechte Laune noch einfach keine Lust. Wenn sie sich weigern, sind Unverständnis, Überforderung oder Schmerzen die häufigste Ursache. Rücksicht auf das Befinden des Pferdes — selbst wenn man den Grund erst viel später versteht — ist eine Einzahlung auf das Konto Vertrauen.

### Der Kluge Hans

*Zu Beginn des vorigen Jahrhunderts hatte ein pensionierter Schullehrer namens von Osten in Berlin seinem achtjährigen Hengst das Alphabet, das Lesen der Uhr, einfache Rechenaufgaben und das Wiedererkennen von bekannten Gesichtern auf Fotos beigebracht. Der Kluge Hans verständigte sich mit seinem Herrchen durch Scharren mit einem Vorderhuf. Diese Kunststückchen klappten sogar – allerdings nicht ganz so gut – wenn von Osten nicht im Raum war. 1904 bestätigte gar eine wissenschaftliche Kommission, besetzt mit Mitgliedern der Preußischen Akademie der Künste und Professoren der Berliner Universität, in einem Gutachten die außerordentlichen Fähigkeiten des Pferdes. Aber der Ruhm des Klugen Hans währte nur drei Monate.*

*Einer der Mitglieder der Kommission war so fasziniert von dem Pferd, dass er es erneut testete. Und diesmal fand er heraus, dass der Kluge Hans die Aufgaben nur lösen konnte, wenn wenigstens einer anwesenden Person die richtige Lösung bekannt war. Das Pferd orientierte sich mit seiner sensiblen Wahrnehmung an der Erwartungshaltung der Menschen; es konnte selbstverständlich weder buchstabieren noch rechnen.*

*Tief enttäuscht ließ der Schullehrer keinen Wissenschaftler oder Journalisten mehr in die Nähe seines Pferdes. Wie außerordentlich die Leistung des Klugen Hans tatsächlich war, hatten weder er noch die auf messbare wissenschaftliche Ergebnisse geeichten Mitglieder der Kommission begriffen.*

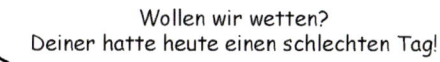

Wollen wir wetten?
Deiner hatte heute einen schlechten Tag!

### Das eigene Pferd

Eine gefühlsmäßige Ausnahmesituation ist stets die Anschaffung eines eigenen Pferdes. Wo Profis selbst Pferde, die sie noch nie gesehen haben, nur mit Kenntnis von Abstammung oder Erfolgen am Telefon kaufen, stürzen sich Amateure regelmäßig mit einem Riesenvorrat an Emotionen in das Abenteuer „eigenes Pferd". Die Statistik bringt es an den Tag, dass Kommunikationsstörungen zwischen Pferdebesitzern und ihren Lieblingen an der Tagesordnung sind: Jede dritte „Beziehung" im Pferdesport scheitert. Der Spottvers: „Es prüfe, wer sich ewig bindet, ob sich nicht doch was Bess'res findet" sollte auch potenziellen Pferdekäufern in den Ohren klingen.

Die Chemie zwischen Käufer und vierbeinigem Kaufobjekt muss natürlich stimmen — aber einige andere Faktoren auch. Beurteilung von Pferden ist eine Aufgabe, die sich kein unerfahrener Laie zutrauen kann; der liebevolle Blick auf einen sympathischen Vierbeiner blendet allzu oft dessen offensichtliche Schwächen und Schattenseiten einfach aus.

Und?
Ist er nicht wunderschön?

Ähäää...
ja, tolle
Farbe...

Allerdings reicht für einen Amateur auch der Blick auf die untadelige Erfolgsbilanz eines Pferdes auf Turnieren nicht für eine erfolgreiche Kaufentscheidung aus. Viel wichtiger ist es, Temperament und Charakter des eigenen Vierbeiners zutreffend einzuschätzen. Denn der Ausbildungsstand lässt sich ändern, und herausragendes sportliches Talent gibt nur für den erfolgreichen Einsatz im Leistungssport den Ausschlag. Ob ein Reiter, ob eine Reiterin und ein Pferd partnerschaftlich zusammenwachsen, darüber entscheidet in erster Linie das Zusammenpassen von Charakter und Temperament. Ein ängstlicher Reiter und ein nervöses Pferd werden sich vermutlich in Krisen gegenseitig hochschaukeln, statt eine Lösung zu finden. Eine sanfte, sensible Dame im Sattel wird mit einem phlegmatischen vierbeinigen Sturkopf nicht zurechtkommen. Ein ungeschicktes Kind bekommt auf einem sensiblen, reaktionsschnellen Pferd schnell Angst. Der Ausbildungsstand eines Pferdes lässt sich ändern — Charakter und Temperament gehören zur unverwechselbaren Persönlichkeit eines Vierbeiners.

*Zwei, die gelernt haben, einander zu vertrauen ...*

### Gut zu wissen

**Wer sich für ein eigenes Pferd entscheidet, sollte wissen, wo und wie es aufgewachsen ist. Fehlende Versäumnisse in der Fohlenzeit lassen sich möglicherweise niemals nachholen.**

Wächst sich eine Krise zwischen Pferdebesitzer(in) und Pferd zum Dauerthema aus, dann ist es wichtig, professionelle Beratung in Anspruch zu nehmen. Das Eingeständnis, Hilfe zu brauchen, ist allemal besser als ein endgültiges Scheitern der Beziehung.

*Zwei, die sich gegenseitig zu nehmen wissen …*

| | | |
|---|---|---|
| • **Einfühlungsvermögen des Reiters** <br>• **Rücksicht auf Tagesform** <br>• **Souveräne Bezugsperson** <br>• **Lernen im Einklang mit Instinkten** <br>• **Positive Motivation** <br>• **Passender Partner im Sattel** <br>• **Vertrauensvorschub des Reiters** <br>• **Genügend Zeit und Geduld** | • **Mangelndes Einfühlungsvermögen** <br>• **Mangelnde Rücksichtnahme** <br>• **Ungeduld** <br>• **Lernschritte gegen die eigenen Instinkte** <br>• **Bezugsperson, die in Temperament und Charakter nicht passt** <br>• **Unterstellung von Launen oder bösen Absichten** | • **Zu harte Strafen** <br>• **Strafen im Nachhinein** <br>• **Wut, Zorn des Reiters** |

# Bücher der Autorin

Isabelle von Neumann-Cosel ist Amateurreitlehrerin FN und Turnierrichterin FN, im Hauptberuf Journalistin und Autorin. Mit ihren drei reitenden Töchtern lebt sie in der Nähe von Mannheim. Aus ihrer Feder stammen zahlreiche Artikel, Bücher und Filme für alle Altersstufen rund um das große Thema „Pferde und Reiten".

Seit vielen Jahren gibt sie Reitunterricht, der aus dem Rahmen fällt: In Projekten wie „Spielend reiten lernen" (für kleine Kinder), „Keine Angst vor bunten Stangen" (angstfrei springen lernen), „Nur für Jungen" (Reitstunde ohne Mädchen) und „Die Montagsreiter" (Reitenlernen für Erwachsene) hat sie praktische Erfahrungen für ihre Veröffentlichungen gesammelt. Heute ist sie als Ausbilderin, Referentin und Lehrgangsleiterin überregional gefragt — überall da, wo es um das große Thema „Reitenlernen" geht.

## Reiten kann man tatsächlich lernen

**Für alle Lernwilligen und Zweifler, Einsteiger und Wieder-Einsteiger in den Reitsport**

Dieses Buch weiß Rat. Es stellt sich mit Witz und Wärme, Sachkenntnis und Erfahrung auf die Seite aller lernbegierigen Reitschüler. Und ganz nebenbei ist es ein leidenschaftliches Plädoyer für die klassische Reitlehre.

# Jugendbuchklassiker

## Das Pferdebuch für junge Reiter
### Pferde kennen, pflegen, reiten

Der Jugendbuchklassiker von Isabelle von Neumann-Cosel ist 1999 völlig neu aufgelegt worden und mit über 50.000 verkauften Exemplaren ein Bestseller der Jugendreitlehren. Ob Pferderassen oder Stallhaltung, Pferdepflege oder Ausrüstung, Umgang im Stall und auf der Weide oder Reitlehre, Springen lernen oder Geländereiten, die Entscheidung für ein eigenes Pferd oder erste Abzeichen und Turnierstarts, dieses Buch lässt keine Fragen offen. Es enthält den gesamten Unterrichts- und Prüfungsstoff für die Abzeichen Kleines Hufeisen, Großes Hufeisen, Kombiniertes Hufeisen und Deutscher Reitpass.

# Erzählbücher

### Die Zügel in der Hand
### Pferdegeschichten:
### lustig — spannend — nachdenklich

Fünfzehn aktuelle Geschichten und Texte in diesem Band erzählen von Begegnungen mit Pferden: witzigen, spannenden, hintergründigen und manchmal auch traurigen.

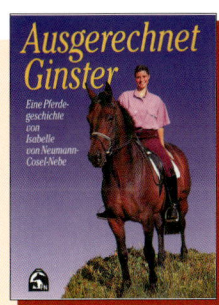

### Ausgerechnet Ginster

Eine junge Studentin erfüllt sich zielstrebig den Traum vom „eigenen Pferd" mit Hilfe einer durch Reitstunden verdienten Gratisbox und eines geliehenen jungen Trakehnerwallachs. Aber damit fangen die Probleme erst an! Die Pferdegeschichte schildert nicht nur eine entscheidende Phase in der reiterlichen, sondern vor allem in der persönlichen Entwicklung einer jungen Pferdenärrin.

# Videos

### Spielend Reiten lernen

Dieser Lehrfilm spürt den Erwartungen und Wünschen der Kinder bei ihrer Begegnung mit Pferden nach und zeigt praktische Unterrichtsmodelle für Reitanfänger zwischen 5 und 10 Jahren.

### In allen Sätteln gerecht

Die Fortsetzung des Lehrfilms „Spielend reiten lernen" verfolgt die weitere Praxis in der Reitausbildung, die Kinder und Jugendliche beständig fordert und fördert, Spaß macht sowie den Wünschen, Hoffnungen und Zielen der jungen Reitschüler entspricht.

**Beide Lehrfilme der Deutschen Reiterlichen Vereinigung e.V. (FN) sind unter Mitarbeit von Isabelle von Neumann-Cosel entstanden. Sie spielen u.a. im Mannheimer Reitverein, dem Isabelle von Neumann-Cosel angehört.**

# Offizielle Prüfungsbücher der FN

Hg.: Deutsche Reiterliche Vereinigung (FN)

## Basispass Pferdekunde

bearbeitet von Isabelle von Neumann-Cosel

Diese Broschüre bietet als erster Band in der neuen FN-geprüften Sachbuchreihe „FN-Abzeichen" unverzichtbares Grundlagenwissen rund um das Thema Pferd, das im neuen Reitabzeichen Basispass Pferdekunde verlangt wird. Der Basispass Pferdekunde muss seit dem 1. Januar 2000 vor allen übrigen Abzeichen im Pferdesport erworben werden.

Hg.: Deutsche Reiterliche Vereinigung (FN)

## Deutscher Reitpass

bearbeitet von Isabelle von Neumann-Cosel

Dieses offizielle Prüfungslehrbuch aus der Reihe „FN-Abzeichen" vermittelt die theoretischen Kenntnisse, die ein Reiter benötigt, um im Zusammenspiel mit seinen reiterlichen Fähigkeiten optimal für Ausritte ins Gelände vorbereitet zu sein. Somit ist dieser Band für alle Reiter unverzichtbar und hilfreich, die sicher und gut ausgebildet ins Gelände reiten und sich auf die Prüfung zum Deutschen Reitpass vorbereiten wollen.

Isabelle von Neumann-Cosel

## Kleines Hufeisen – Großes Hufeisen – Kombiniertes Hufeisen

Dieses Sachbuch wurde von der Deutschen Reiterlichen Vereinigung (FN) zur Vorbereitung auf die Prüfung zum Kleinen, Großen und Kombinierten Hufeisen herausgegeben. Es vermittelt in kindgerechten Texten und zahlreichen farbigen Illustrationen und Fotos das Grundwissen für die Teilprüfungen Umgang mit dem Pferd, praktisches Reiten und Theorie.

# Urlaubsplaner für Pferde-Fans

Hg.: Deutsche Reiterliche Vereinigung (FN) u. Deutsche Landwirtschafts-Gesellschaft (DLG)

## Urlaub im Sattel

Dieser Urlaubsplaner enthält ein Verzeichnis von Bauernhöfen und Reit- und Fahrbetrieben, die entweder die Anerkennung mit dem Qualitätssiegel der FN oder der DLG haben, oder als Spitzenbetrieb beide Gütezeichen besitzen.
**Isabelle von Neumann-Cosel** gibt im redaktionellen Teil des Buches wertvolle und nützliche Tipps rund ums Pferd, um den Pferdesport, zur Planung des Urlaubs sowie zur Auswahl eines für Sie geeigneten Urlaubsbetriebes.

# Ratgeber für Sitz- und Hilfengebung

## Balance in der Bewegung

Susanne von Dietze hat mit dieser Neuauflage eine neue und faszinierende Perspektive auf die klassische Reitlehre gegeben. Sie betrachtet die überlieferten Vorgaben für den korrekten Sitz und die effektive Einwirkung einerseits mit dem geschulten Blick der Krankengymnastin, andererseits mit dem erfahrenen Auge der Ausbilderin.
**Isabelle von Neumann-Cosel** (die Cousine von Susanne von Dietze) hat für dieses Buch das Lektorat übernommen und stand während der gesamten Produktionszeit als fachliche Beratung zur Verfügung.

**Informationen zu den Preisen und Lieferbarkeit der einzelnen Titel erfahren Sie im Internet unter www.fnverlag.de und Infos zur Autorin Isabelle von Neumann-Cosel unter www.ineuco.de**